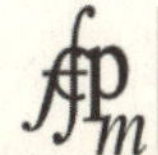

Federación
Española de
Sociedades de
Profesores de
Matemáticas

Santiago Fernández Fernández

Matemáticas y estadística

DISEÑO DE CUBIERTA: LACASTA DESIGN

MATEMÁTICAS Y ESTADÍSTICA

ISBN: 978-84-1067-528-5
DEPÓSITO LEGAL: M-1.677-2026
THEMA: PDZ/PBW/PBT

Índice

Prólogo 7

Capítulo 1. Breve historia de la estadística 11

Capítulo 2. Estadística descriptiva 29

Capítulo 3. Probabilidad 53

Capítulo 4. Distribuciones de probabilidad 69

Capítulo 5. El problema del muestreo y la correlación 87

Capítulo 6. Hipótesis estadísticas 113

Bibliografía 133

Prólogo

"No preguntes lo que significa, sino cómo se utiliza".
LUDWIG WITTGENSTEIN (1889-1951)

"¿Qué es la estadística?" no es una pregunta fácil de responder. La primera vez que trató de contestarse fue en 1898 por la Royal Statistical Society y desde entonces se ha vuelto a plantear y redefinir continuamente. Es evidente que esta disciplina ha variado de manera radical desde el estudio de los primeros censos demográficos. Como señala el matemático e historiador de la estadística Stephen M. Sitgler: "La preocupación en las primeras épocas era recopilar y ordenar datos, pero sin ningún tipo de análisis". Ahora, la estadística es una disciplina ambiciosa, que trata de resolver cuestiones hace pocos años impensables. Desde un punto de vista formal, diremos que es una parte de las matemáticas que se ocupa en recopilar, organizar, procesar, analizar e interpretar datos con el fin de deducir las características de una población. Sus herramientas son gráficos, cálculos y razonamientos; los conceptos que maneja están regidos por el sentido común. Ojeda y Behar (2006) resumen con estas palabras el sentido de la estadística:

La estadística es una disciplina que proporciona principios y herramientas para hacer juicios sobre colectivos, con base en datos que se han obtenido para un propósito específico. Con sus técnicas y principios brinda la metodología para saber qué datos obtener, cómo obtenerlos y, una vez obtenidos, proporciona métodos y procedimientos para organizarlos y transformarlos con diferentes propósitos, a fin de extraer de ellos la máxima información según nuestros intereses y objetivos. Del análisis de los datos se obtiene la base para la construcción de juicios concluyentes sobre el colectivo bajo estudio; por tal motivo, es muy importante saber de qué colectivo se está hablando.

En general, la estadística suele percibirse con cierto recelo al considerarse que sus análisis y conclusiones prestan atención a lo colectivo desantendiendo lo individual, relegándolo e incluso olvidándolo. Así, se habla de salario medio por trabajador, de la esperanza media de vida para hombres y mujeres por país, de que en un futuro más o menos próximo la mayoría de las personas vivirán en ciudades, del porcentaje promedio de subida del índice de compra, etc., pero ¿qué significan para el individuo estas estimaciones generales?

En nuestro mundo, los datos están presentes en todas partes. Se hace necesario, pues, poseer una cierta habilidad estadística que no solo nos permita interpretar cifras y gráficos, sino que, además, nos ayude a comprender estudios y ser críticos con las informaciones que nos bombardean por todas partes para que, de este modo, podamos tomar decisiones informadas de una manera científica. Con el gran volumen de datos (*big data*) que nos inunda y su procesamiento específico mediante *softwares* por parte de potentes ordenadores, la importancia del pensamiento estadístico ha crecido de manera exponencial. Es una gran revolución, que incidirá en nuestro trabajo y pensamiento; en definitiva, en nuestra vida. Por ello, necesitamos una alfabetización estadística que nos permita entender mejor nuestro mundo.

El objetivo principal de este libro es mostrar algunas situaciones interesantes en las que la estadística nos aporta soluciones. A tal fin, se ha recurrido a ciertos conceptos matemáticos para poder explicarlas y clarificarlas. Asimismo, queremos insistir en que lo esencial de la estadística no está en la manipulación de números, fórmulas y ecuaciones, sino en el conocimiento sobre el tipo de cuestiones que nos puede ayudar a resolver. No olvidemos que la estadística es una herramienta y un método para resolver problemas. Consecuentemente, es un método para conocer la realidad.

Estoy en deuda con varias personas y lecturas. Sería largo enumerar a todos, pero no me quiero olvidar de una lectura crítica por parte de Nieves Valenciaga, de Martín Martínez, especialmente de mi amigo ajedrecista ingeniero y marino José Mari Narbaiza y de mi gran compañero Rafael Pérez Gómez: sus indicaciones y comentarios han sido muy provechosos. Naturalmente, debo mucho a mi familia por su paciencia: a Ana, Nora e Iris.

Agradezco también a los autores de los libros y artículos que he utilizado. Les muestro así mi reconocimiento y gratitud por sus enseñanzas.

Capítulo 1

Breve historia de la estadística

"Puedo creer lo imposible, pero no lo improbable".
GILBERT K. CHESTERTON (1874-1936)

1.1. Los inicios. Una historia de 'censos'

Desde una perspectiva cultural, todas las civilizaciones han tenido la necesidad de contar, ya sean personas, animales o cosas. También han diseñado objetos y se han enfrentado a la resolución de problemas y actividades que, sin ser estrictamente matemáticas, han dado lugar a lo que actualmente denominamos situaciones científicas.

El origen de la estadística está estrechamente relacionado con estas labores de conteo de animales, tinajas de cereales, número de personas, bienes acumulados, etc. ¿Cómo los contaban y clasificaban? Actualmente, sabemos que antes de la invención de la grafía numérica, en tiempos remotos, se utilizaron guijarros, muescas y dibujos que se representaban sobre el soporte de paredes, trozos de madera y pieles de animales; estos fueron los primeros símbolos "prenuméricos", marcas que nos ha permitido conocer las contabilidades más antiguas e interpretar los conocimientos matemáticos de sus autores.

Algunos historiadores hablan de tres periodos iniciales en esta ciencia: los provenientes de fuentes arqueológicas, los llamados preestadísticos (registraban los nacimientos y defunciones de personas, pero con objetivos poco definidos) y, por último, los estadísticos, que tienen que ver con los censos y el control de la población mediante recuentos sistemáticos. Nos centraremos en esta última etapa.

El censo ha sido, y es, de vital importancia para cualquier Estado, al proporcionar información esencial de los habitantes: su número total, su diferenciación por género o edad o el lugar de residencia. Los censos son los primeros precedentes de la estadística y se conocen desde muy antiguo. Veamos los más interesantes.

- Es posible que el primer registro de la población del que se tiene constancia fuese llevado a cabo en la antigua Babilonia, hacia el 4500 a. C. A través de él se tiene noticia de que en Babilonia se hacían recuentos cada siete años, tanto del número de asnos, como de animales vacunos y caprinos, además de personas y bienes.
- En Egipto, en la Dinastía I (aproximadamente III milenio a. C.) ya se confeccionaron censos, necesarios entre otras cosas para la recaudación de impuestos y para el restablecimiento de lindes después de las inundaciones anuales del Nilo.
- La Piedra de Palermo constituye el mayor fragmento de una losa de piedra negra del Imperio Antiguo de Egipto y presenta inscripciones jeroglíficas datadas entre 2430 y 2280 a. C. En ella se describen con todo detalle censos de ganado, el nivel anual de la crecida del Nilo y los nombres de los reyes y faraones hasta la Dinastía V. Sabemos por el historiador Heródoto que, hacia 3050 a. C., los faraones egipcios hicieron un censo de la población con el fin de saber de cuánta mano de obra se disponía para construir las pirámides.
- En el siglo VIII a. C. el rey Sargón II de Siria se preocupó por contabilizar en tablillas de barro las fincas rurales de su reino, así como los bienes de sus posesiones.
- En la antigua China, el emperador Yao (hacia 2240 a. C.) también hizo elaborar un censo que recogiese los datos de la actividad agrícola, industrial y comercial de los

habitantes de su imperio. Este hecho está relatado en la célebre obra de Confucio *Shu Jing* (año 550 a. C.).

- La Biblia también ofrece noticia de diversos censos. En el Antiguo Testamento se mencionan cinco: tres de ellos realizados por Moisés, uno por David y otro más por los profetas Esdras y Nehemías. En Números, uno de los libros del Pentateuco (Antiguo Testamento), se nos habla del censo que realizó Moisés tras su salida de Egipto. En el Nuevo Testamento, es muy conocido el famoso censo del emperador romano César Augusto, narrado por el evangelista Lucas. Este evangelio, además, se utiliza frecuentemente como medio narrativo para establecer el año de nacimiento de Jesús en Belén.
- En la Grecia antigua también hubo gran preocupación por los censos. Uno de los primeros se le atribuye a uno de los siete sabios, Solón (638-558 a. C.), que en su censo establece tres clases de ciudadanos a partir del patrimonio. Los grandes filósofos Aristóteles y Platón, en sus escritos, también dedican algunas páginas al desarrollo de los censos. Siglos más tarde, el historiador Diógenes Laercio (siglo III) nos dice que los griegos realizaban censos anuales con fines de organización de su imperio.
- Del mismo modo, el historiador Tito Livio (59 a. C.-17 d. C.) relata en su obra *Décadas* cómo el sexto rey de Roma, Tulio (578-534 a. C.), instituyó el censo, lo que dio origen a la llamada reforma serviana. Al mismo tiempo, en Persia, durante el reinado de Ciro (siglo VI a.C.), los hebreos elaboraron un censo con motivo de su repatriación.
- Roma utilizó la Estadística —esto es, censos— como elemento vertebrador de su gran imperio. Este fue un trabajo meticuloso que se extendió a todos los territorios bajo su control.
- En la Edad Media se produjeron pocas manifestaciones relacionadas con los censos. Es destacable la que llevó

a cabo, en la época visigoda, el erudito y santo obispo Isidoro de Sevilla (556-636). Su obra *Etimologías* (año 634) fue el texto más consultado por estudiosos de la Edad Media. Actualmente San Isidoro es considerado el patrón del Instituto Nacional de Estadística (INE).

- En el siglo VIII, hacia el año 762, el emperador franco Carlomagno (748-814) ordenó realizar estudios sobre las propiedades y riquezas de la Iglesia. Estas se hallan recogidas en el denominado *Breviario de Carlomagno*. Asimismo, existe un censo importante realizado por el rey de Inglaterra Guillermo el Conquistador (1028-1087) y que está descrito en *Domesday Book*.
- En las Cortes de Alcalá de Henares, en 1348, también se habla de padrones, empadronadores y notas acerca de rebaños. Cien años más tarde, los Reyes Católicos ordenaron realizar un empadronamiento general de los habitantes de sus dominios: se lo conoce como el censo de Quintanilla (1482). En el reinado del emperador Carlos I de España y V de Alemania (1500-1558) también se realizaron numerosos censos. En el reinado de su hijo Felipe II (1527-1598) se encontró la necesidad de actualizar el censo de Carlos I, ya que la pérdida de la Armada Invencible obligó a tributar con un "donativo" a todos los vecinos, sin distinción alguna, para reunir ocho millones de ducados y compensar así dicha pérdida; este tributo recibió del nombre de censo de los millones de 1591. En 1548 se llevó a cabo en Perú un censo de gran trascendencia para la historia de América bajo la supervisión del virrey D. Pedro de la Gasca, nombrado por Felipe II.
- En el siglo XVI, y por orden de Thomas Cromwell (1485-1540), primer ministro de Enrique VIII de Inglaterra, las iglesias, conventos y órdenes religiosas debían mantener un registro sistemático de nacimientos, matrimonios y fallecimientos.

Estos ejemplos muestran que el recuento de la población y de los bienes de los reinos o imperios promovido por sus gobernantes es muy antiguo. Inicialmente este interés perseguía dos cuestiones fundamentales: por una parte, lo relativo a la fiscalidad y mejor distribución de impuestos sobre los ciudadanos y, por otra, lo concerniente al ámbito militar, esto es, conocer el número de personas de que se disponía en caso de conflicto. Todo esto redundaba, adicionalmente, en el conocimiento del tamaño y distribución de la población.

1.2. El nacimiento de la estadística

Llegamos así a uno de los primeros estadísticos, en un sentido más amplio del término: el comerciante inglés John Graunt (1620-1674), considerado el primer demógrafo, fundador de la bioestadística y precursor de la epidemiología.

La comparación y registro de nacimientos y muertes fue el objetivo del comerciante londinense John Graunt. En el siglo XVII, surgió en Londres un gran interés por cuantificar el número de nacimientos y muertes para, posteriormente, realizar estudios de tipo inductivo que acercaran a la verdadera realidad. Hay que señalar que se distribuían boletines semanales, denominados *London Bills of Mortality*, que registraban las partidas de defunción en Londres. Al objeto de profundizar en los datos de estos boletines, Graunt analizó las causas de mortalidad de sus conciudadanos tomando como referencia el sureño condado de Hampshire, de cara a obtener conclusiones de las causas de mortalidad en Londres.

De sus análisis obtuvo una serie de conclusiones muy interesantes: que nacían regularmente más hombres que mujeres, que aproximadamente el 36% de los nacidos vivos fallecían antes de cumplir seis años de vida y que las muertes no se producían regularmente a lo largo del año, sino que existía una variabilidad estacional. A partir de estos datos, Graunt realizó una estimación sobre la población de Londres estableciendo predicciones demográficas, así como la primera tabla de mortalidad por grupos de edades y el cálculo de probabilidad de supervivencia; sin embargo, se quedó a las puertas de estimar la esperanza de vida, a pesar de disponer de las variables necesarias para avanzar en este concepto.

Su libro *Natural and Political Observations made upon the Bills of Mortality* (Observaciones naturales y demográficas basadas en partidas de defunción), publicado en 1662, puede considerarse la primera publicación seria de estadística demográfica, lo que posteriormente se llamaría bioestadística. Hay que señalar que los razonamientos de Graunt son puramente analíticos y desligados completamente del concepto de probabilidad.

El terreno ya estaba abonado para que William Petty (1623-1687), economista, médico y amigo de Graunt (ambos, miembros fundadores de la ilustre Royal Society londinense), se interesase por el estudio de los patrones relacionados con la mortalidad, natalidad y enfermedad entre la población inglesa, proponiendo, por primera vez, la creación de una agencia encargada de la recolección e interpretación sistemática de esos datos (hay que comentar que hasta no hace mucho tiempo esta idea se le atribuía al matemático alemán Gottfried Leibniz [1646-1716]). La metodología utilizada por Petty ha sido fundamental para los epidemiólogos durante mucho tiempo. Además, Petty profundizó en aspectos relacionados con la economía, disciplina que cultivó toda su vida.

El profesor alemán Kaspar Neumann (1648-1715) realizó, siguiendo las líneas maestras de Graunt, el primer estudio estadístico de la historia. Compaginando el número de fallecimientos con los años en los que se producían las muertes, consiguió destruir el mito —hoy lo consideraríamos una solemne estupidez— de que en los años terminados en el número siete moría más gente y, por tanto, eran malditos.

En esta misma época, el médico inglés John Arbuthnot (1667-1735), doctor de cabecera de la reina Ana Estuardo (1665-1714), analizó los trabajos realizados por Graunt y, siguiendo una metodología similar, estudió de manera exhaustiva los nacimientos producidos entre 1629 y 1760. Sus descubrimientos fueron realmente sorprendentes, ya que en los 80 años analizados hubo más bautizos de niños que de niñas, pero no solo en el cómputo general, sino en todos y cada uno de los años estudiados. La probabilidad de que esto suceda sería equivalente a lanzar una moneda 80 veces y obtener cara las 80 veces, que según las leyes de la probabilidad es $(0,5)^{80} = 8,27(10)^{-25}$, lo que significa que la posibilidad de que suceda esto es prácticamente nula. A la vista de los datos, Arbuthnot enunció una conjetura aparentemente plausible: "La razón de que nacieran más niños que niñas a lo largo de los aproximadamente 80 años no podía deberse al azar, sino que era debido a una disposición divina". Su explicación recurría así a la naturaleza divina, que trataba de corregir el exceso de muertes masculinas debidas a la violencia y las guerras. En cierta manera, es un argumento en defensa de la existencia de Dios. El estudio de Arbuthnot se considera el primero en realizar un test de significatividad estadística.

En esta breve reseña no podemos olvidar al famoso astrónomo inglés Edmund Halley (1656-1742), que, ayudado por el antes citado Leibniz, obtuvo y escrutó los datos de mortalidad de la ciudad alemana de Breslau. El objetivo de tal estudio era calcular el valor de las pensiones individuales y mancomunadas en función de la edad de los adquirientes. Para ello realizó una tabla de mortalidad, publicada en 1693 en *Philosophical Transactions*.

Algunos astrónomos, además de apasionarse en el estudio del firmamento, fijaron su mirada en la Tierra, como es el caso del erudito Johann Lambert (1728-1777), que durante años estudió relaciones entre la mortalidad, el volumen de nacimientos, el número de casamientos y la duración de la vida. Sus investigaciones respecto a los decesos concluyeron que la tasa de mortalidad infantil era más alta de lo que entonces se pensaba.

La comprensión del concepto de probabilidad y el avance de la estadística descriptiva fueron las bases para que en el siglo XVII surgieran en Inglaterra las primeras compañías aseguradoras. Como consecuencia, se creó la Lloyd's Coffee House, que, como su nombre indica, tuvo su sede inicialmente en un café de Londres y que a partir de 1688 comenzó a asegurar barcos y sus mercancías; el objetivo de las aseguradoras era brindar cobertura económica ante el riesgo de pérdidas por malas mares o asaltos de piratas. Toda aseguradora se atiene constantemente a estadísticas para conocer los riesgos que cubre y ajustar debidamente las primas que deben aportar sus asegurados.

El término *estadística* (*Statistik*) lo empleó por primera vez en 1749 el economista prusiano Gottfried Achenwall (1719-1772) en el estudio titulado *Vorbereitung zur Staatswissenschaft der europäischen Reiche* (Preparación para la ciencia política de los imperios europeos). La palabra *Statistik* procede del término latino *statista*, que significa 'situación' o 'estado', y viene a significar "la ciencia de las cosas que pertenecen al Estado". Para Achenwall, la estadística consistía en el análisis y clasificación de datos, y su fin era ser útil a las necesidades de los Estados.

En este periodo final del siglo XVIII, las aplicaciones relacionadas con la estadística aparecieron por doquier, siendo destacable la labor del escritor y pensador inglés Arthur Young (1741-1820) y sus estudios sobre producción agrícola, publicados en 1771 bajo el título *A Course of Experimental Agriculture* (Curso de agricultura experimental), donde explica sus teorías y experimentos; básicamente, hizo un seguimiento riguroso y comparativo de numerosas plantas encaminado a encontrar cuáles eran las sustancias que incrementaban el rendimiento de las cosechas; asimismo, estudió meticulosamente el crecimiento y desarrollo de la cebada y otros cereales, a los que adicionaba diferentes compuestos tales como aceite, carbón, estiércol de ave, nitratos y otros productos. Su meticuloso trabajo estaba relacionado con la teoría de la correlación, lo que naturalmente él aún no sabía.

Si bien las obras de los anteriormente citados Graunt y Petty eran minuciosas, no se puede decir que en ellas existiese una línea argumental estrechamente vinculada a la estadística, a la par de que las relaciones que esos trabajos ofrecían con la probabilidad eran virtualmente nulas o muy escasas.

Excepciones valiosas son, entre otras, las de los franceses Abraham de Moivre (1667-1754) y Antoine Deparcieux (1703-1768), que aplicaron el cálculo de probabilidades a datos demográficos. Su compatriota Nicolas de Condorcet (1743-1794) utilizó las probabilidades para estudiar asuntos sociales y políticos, con el convencimiento de que la ciencia que trata del gobierno de los pueblos podía tener la misma precisión que las leyes de la física.

A finales del siglo XIX hay dos investigadores que, de manera independiente, tratan de comunicar entre sí la estadística y la ley de las probabilidades. Son el matemático belga Adolphe Quetelet (1796-1874) y el naturalista inglés Francis Galton (1822-1911). Ambos estudian fenómenos relacionados con la biología y la genética humanas. Nos ocuparemos primeramente de Quetelet y a continuación de Galton.

La teoría de Quetelet es conocida como del hombre medio. Quetelet estaba obsesionado con llegar a determinar las leyes que supuestamente rigen la regularidad de hechos sociales y biológicos con la misma precisión con la que los astrónomos determinan el movimiento y posición de los astros. Para ello realizó la medición del perímetro torácico de varios miles —5.738, para ser exactos— de soldados escoceses, cuyos resultados luego supo interpretar y trasladar adecuadamente a otros fenómenos sociales más o menos anómalos como la locura, el suicidio, los homicidios y los divorcios. Descubrió que, si bien tales sucesos son impredecibles a nivel individual, tienen unas determinadas pautas estadísticas cuando observamos al conjunto de la población. Quetelet también estudió la altura media de los hombres en una determinada población, concluyendo que "la altura media del hombre es un elemento que nada tiene de accidental, sino que es el producto de multitud de causas"; esta misma idea es la que subyace en la llamada distribución normal. Para Quetelet el hombre medio no solo era un concepto matemático, sino que constituía la finalidad de la justicia social, y promovió y sostuvo la importancia del cálculo de probabilidades en el ámbito del análisis de datos sociales humanos[1].

1.3. Los grandes estadísticos modernos: Galton, Pearson, Fischer y Gosset

Con estas cuatro ilustres personalidades la estadística da un paso de gigante y se crean procedimientos de decisión estadística (estimaciones puntuales, por intervalos y contraste de hipótesis). En este tipo de estadística, conocida como paramétrica[2], se considera que la población de donde ha sido extraída la muestra es normal o se acerca mucho a la normal, y a partir de esta consideración se toman las decisiones.

Francis Galton (1822-1911). Este británico, primo del célebre Charles Darwin (1809-1882), tuvo sin duda un lugar en la constelación de las estrellas científicas. Comenzó estudiando medicina, pero al poco tiempo se dedicó a las matemáticas. Heredó una gran fortuna que le permitió conocer varios países, especialmente del continente africano. Dominaba varios idiomas. Cuando Galton leyó el famoso libro de su primo Darwin *El origen de las especies*, quedó fascinado por sus conclusiones respecto a los factores humanos; estas consideraciones le estimularon en el estudio de la inteligencia humana.

Galton pensaba que tanto la inteligencia como la personalidad eran factores hereditarios, un camino que transitaba ya la eugenesia (corriente de pensamiento que defiende la mejora de los rasgos hereditarios humanos mediante diversas formas

1. En cuanto al nacimiento de la probabilidad, la mayoría de los historiadores coinciden en atribuir a los trabajos de los científicos franceses Blaise Pascal (1623-1662) y Pierre Fermat (1601-1665) las bases sobre las que posteriormente se asentaría la moderna teoría de la probabilidad. El camino iniciado por estos sabios franceses tuvo un desarrollo espectacular, que puede apreciarse en una cierta profundidad en el libro de Fernández (2021).
2. Una segunda área en la estadística moderna se conoce como estadística no paramétrica. Se utiliza cuando los datos no se ajustan a distribuciones conocidas.

de intervención y de selección); con ánimo de realizar un estudio más científico de esta concepción, creó la biometría.

Respecto a la estadística, ideó y dio forma a dos de los instrumentos esenciales de esta ciencia: la correlación y el análisis regresivo. En su escrito dedicado al análisis regresivo explica lo que se conoce como regresión a la media: después de analizar las relaciones de estatura entre algunas decenas de padres y sus respectivos hijos, en su trabajo "Regression towards Mediocrity in Hereditary Stature" (Regresión hacia la media en estatura hereditaria), publicado en el *Journal of Antropological Institute* (1885), expone sus conclusiones: "He descubierto una relación lineal entre la altura de los padres y la de sus hijos, resaltándose el hecho de que los hijos de padres altos son, en promedio, más bajos que sus padres y que los hijos de padres bajos son, también en promedio, más altos que sus padres". Este fenómeno recibió entonces el nombre de regresión (vuelta atrás) hacia la media o mediocridad; en la actualidad, es conocido como regresión hacia la media o simplemente regresión a la media, como veremos posteriormente.

La figura de Galton es clave en el devenir de la estadística moderna; además de sus nuevas ideas y enfoques, hay que citar la influencia directa que ejerció sobre algunos insignes científicos, como los británicos Walter Weldon (1860-1906), Karl Pearson (1857-1936), Ronald Fisher (1890-1962) y Francis Edgeworth (1845-1926), entre otros.

El matemático inglés Karl Pearson es otro de los gigantes de la moderna estadística. Valgan estos datos: en el periodo de 1893 a 1906 publicó cerca de 100 artículos sobre aplicaciones estadísticas (fueron más de 600 artículos a lo largo de su vida). En compañía de Galton y Weldon, fundaron la revista *Biometrika* con el objeto de publicar artículos de biología con tratamiento estadístico. Además, Pearson difundió sus ya famosas tablas para estadísticos y biometristas. Pearson era un conferenciante consumado, especialmente en lo relativo a la historia de la probabilidad y la estadística.

Entre sus conquistas se cuentan la introducción del método de los momentos para la estimación de los parámetros poblacionales, el desarrollo de la teoría de la correlación lineal o la creación de la prueba chi cuadrado (χ^2). Su trabajo sobre la teoría de la correlación y la regresión proporcionó a los científicos métodos sistemáticos para medir y cuantificar la relación entre dos o más variables, y el coeficiente de correlación de Pearson permitió, además, estimar linealmente la fuerza y la dirección de la relación entre variables, proporcionando así una medida cuantitativa de la asociación.

Uno de los primeros conceptos que forjó fue el de desviación típica (o desviación estándar), que a partir de 1893 sustituyó al de error probable, ideado por el astrónomo Friedrich Bessel. Creó otras dos medidas descriptivas, que complementaban a las más conocidas: el coeficiente de asimetría y el coeficiente de apuntamiento o curtosis.

Ronald Fisher (1890-1962) es otra referencia indispensable en esta disciplina; fue un pionero en la aplicación de métodos estadísticos al diseño de experimentos científicos. Entre 1919 y 1933 Fisher trabajó en una empresa dedicada a la experimentación agrícola. Después de años de recopilación de datos, y con ánimo de sacar provecho de estos, desarrolló una serie de herramientas estadísticas que fueron publicadas con los títulos *Statistical Methods for Research Workers* (1925) y *The Design of Experiments* (1935). En el primero de ellos explica lo que a la postre se conocería como la hipótesis nula (aquella establecida por defecto y que había que intentar rebatir a partir de los datos observados), al tiempo que presenta el *p-value* o *probability value* (p-valor o valor de la probabilidad) y desarrolla el llamado análisis de la varianza (ANOVA), que nos permite asegurar la existencia o inexistencia de relación entre tratamientos experimentales. Años más tarde, en su obra *The Design of Experiments* se preocupa por controlar y reducir toda variabilidad ajena a la condición experimental, con el fin de poder establecer relaciones de causalidad. En el libro se muestra el ya famoso ejemplo, conocido como la catadora de té: "Una señora (Muriel Bristol) afirmaba que al probar una taza de té con leche era capaz de distinguir qué es lo primero que se había vertido en la taza: si el té o la leche". Con este experimento Fisher introdujo el concepto de hipótesis nula (trata de estudiar si existe o no una diferencia o relación significativa entre las variables del estudio).

Fisher tenía una personalidad especial. Son muy conocidos sus enfrentamientos con Karl Pearson, editor de la revista *Biometrika*. Los historiadores cuentan que Fischer trató de publicar en esa revista un artículo acerca de la resolución de un problema en el que Pearson llevaba años trabajando, pero a pesar de que el método de Fischer era correcto, el artículo no fue publicado. Rencillas personales aparte, la razón fundamental consistió en que el enfoque de Pearson estudiaba especialmente las estadísticas de grandes muestras, mientras que el de Fischer hacía lo contrario, esto es, estudios estadísticos de pequeñas muestras; estos puntos de vista diferentes, junto con la personalidad agresiva de Fisher, saltaron a las revistas científicas de la época. El hijo de Karl, Egon Pearson, participó en esta controversia, atrapado entre la fidelidad a su padre y la constatación de que parecía que Fischer tenía razón en sus trabajos. Las disputas entre los dos grandes enturbiaron el mundo estadístico de manera notable. Egon, que sucedió a su padre como profesor de estadística en University College London y como editor de la publicación *Biometrika*, continuó sus investigaciones junto con el polaco Neyman; ambos centraron su labor en el modo de probar hipótesis científicas con datos cuantitativos de manera que se minimizasen los errores.

Al final de su vida, Fisher inició una campaña a favor de las tabacaleras, defendiendo que la relación entre el cáncer de pulmón y el tabaquismo podría no ser una relación causa-efecto, tema que le enfrentó a la sociedad científica y médica en particular.

Una de las distribuciones más importantes en estadística es la conocida como *t*-Student (test de Student); la primera persona que la introdujo en el ámbito experimental fue el antedicho William Gosset (1876-1937) que, aunque químico, también era conocedor de las técnicas estadísticas por haber trabajado durante un periodo en el laboratorio biométrico con Pearson. En 1908, Gosset publicó un artículo, bajo el seudónimo de Student (de ahí lo de *t*-Student), titulado "El error probable de la media", que tuvo gran impacto entre los entendidos; en ese periodo, Gosset trabajaba en una empresa cervecera; su misión era supervisar y mejorar la calidad de la producción, aunque lo hacía de una forma peculiar y aparentemente poco científica: en vez de tomar muestras relativamente grandes, sus estudios se basaban en pequeñas muestras (12 barriles le bastaban); naturalmente, la media de esta muestra, al ser relativamente pequeña, podía contener un error respecto a la media de la producción total, y de aquí el título de su artículo. Su método dio lugar al estudio de la *t*-Student, que años más tarde (1925) Fisher retocó y estudió en profundidad.

1.4. Algunos estadísticos notables

Son muchas las personas que están reconocidas como estadísticos por haber dedicado sus investigaciones al estudio de estadísticas teóricas o aplicadas. Además de los mencionados en los párrafos anteriores, entre los más notables cabe citar a Egon Pearson (1895-1980), Jerzy Neyman (1894-1981), Paul Levy (1886-1971), Frank Yates (1902-94), Andrei Kolmogorov (1903-1987), Boris Gnedenko (1912-95), Alexander Lyapunov (1857-1918), George Yule (1871-1951), Richard von Mises (1883-1953) y Norbert Wiener (1894-1964). Nos detendremos brevemente en algunos de ellos.

El escocés George Yule, uno de los discípulos de Karl Pearson, en uno de sus primeros artículos, titulado "On the Correlation of total Pauperism with Proportion of Out-Relief" (Sobre la relación entre la pobreza total y el desamparo) (1895), introduce la aplicación de los coeficientes de correlación en el estudio con tablas de doble entrada. Uno de sus principales trabajos, "On the Theory of Correlation" (Sobre la teoría de correlación) (1897), desarrolla una aproximación a la correlación a través de la regresión, con un nuevo uso conceptual de los mínimos cuadrados y su aplicación a las ciencias sociales. En 1911 publica su famoso libro *Introduction to the Theory of Statistics* (Introducción a la teoría de la estadística), que ha servido de base a estudiantes de todo el mundo. En la Primera Guerra Mundial se le requirió como estadístico en el Ministerio de Guerra. Acabado el conflicto, realizó sus trabajos más importantes: el correlograma (en el análisis de los datos, es una imagen de la correlación de estadísticas) y la teoría de las series autorregresivas. En la literatura divulgativa es muy conocida la famosa paradoja de Yule-Simpson. Ocurre cuando al analizar grupos de datos de forma conjunta sus resultados son diferentes o contrarios que al analizarlos por subgrupos. Veamos un ejemplo.

EJEMPLO 1

Una empresa de comida rápida está estudiando cuál de dos tipos de hamburguesas (una con mostaza y otra sin ella) le gusta más al público. En un gran centro comercial coloca dos grandes puestos, cada uno de ellos con un tipo de hamburguesa. Se reparten las hamburguesas entre 1.000 personas (500 en cada puesto), una por persona, y se va anotando si le ha gustado su hamburguesa.

PUESTO	HAMBURGUESAS	Nº PERSONAS	Nº PERSONAS A LAS QUE LES GUSTA	PORCENTAJE
A	Con mostaza	500	400	80%
B	Sin mostaza	500	375	75%

Es evidente que las hamburguesas con mostaza gustan un poco más (80% frente al 75%). Pero, además de estos datos, en la ficha se fue anotando el sexo de cada persona para obtener más datos. Sus resultados fueron los siguientes:

PUESTO	HAMBURGUESAS	Nº HOMBRES	Nº MUJERES	Nº HOMBRES A LOS QUE LES GUSTA	Nº MUJERES A LAS QUE LES GUSTA	% HOMBRES	% MUJERES	% TOTAL
A	Con Mostaza	450	50	380	20	84,4%	40%	80%
B	Sin Mostaza	350	150	300	75	85,7%	50%	75%

Curiosamente, tanto a hombres como a mujeres les gusta más la hamburguesa sin mostaza. Luego parece lógico pensar que, si en los dos sexos el gusto se inclina por la hamburguesa sin mostaza, no puede darse la circunstancia de que, en general, guste más la hamburguesa con mostaza (80%). ¿Cómo podemos explicar que en el conjunto de las 1.000 personas guste más la hamburguesa con mostaza mientras que por separado (por sexos) ocurre lo contrario?

Esta es la llamada paradoja de Yule-Simpson, que muestra una situación aparentemente sin sentido, puesto que una tendencia que aparece en varios grupos de datos desaparece cuando estos grupos se combinan y en su lugar aparece la tendencia contraria para los datos agregados.

Richard von Mises (1883-1953), matemático austrohúngaro de origen judío, es uno de los grandes estadísticos del siglo XX. Debido al ambiente hostil hacia los judíos en la Alemania del nacionalsocialismo, Von Mises abandonó la Universidad de Berlín en 1933 para recalar en la de Harvard (Estados Unidos). Entre sus mayores logros se encuentra el desarrollo de una axiomática alternativa a la de Kolmogorov. Uno de los problemas que le hizo famoso es el conocido como problema del cumpleaños: se trata de calcular la probabilidad de que en una reunión con n personas, al menos, dos de ellas cumplan años el mismo día. Se supondrá que el año tiene 365 días.

El problema nos demuestra que para $n \geq 23$ ¡la probabilidad de coincidencia en el cumpleaños es mayor del 50%!

Queremos finalizar este breve recorrido citando a uno de los grandes genios de las matemáticas y padre de la cibernética, el americano Norbert Wiener (1894-1964), que abordó y resolvió un problema que habían intentado grandes matemáticos. Se trataba de realizar una construcción rigurosa del modelo browniano, lo que condujo a un gran avance en los procesos estocásticos y a la denominada medida de Wiener (1923).

1.5. Estadística en los albores del siglo XXI

Describir en qué punto estamos ahora en estadística es prácticamente imposible. La potencia de los ordenadores, cada vez más rápidos y eficientes, la invención de nuevos algoritmos, los aprendizajes automáticos, técnicas avanzadas de modelado y visualización de datos, junto a teorías novedosas, han transformado las matemáticas en general y la estadística en particular. Si a esto le unimos la irrupción del *big data* y la inteligencia artificial (IA) se produce la "tormenta perfecta". De esta manera, los análisis estadísticos están permitiendo modelos predictivos más precisos al tener en nuestras manos unas herramientas con las que podemos realizar trabajos impensables hace pocas décadas.

Actualmente se dispone de *softwares* específicos de estadística con los que podemos realizar todo tipo de cálculos, predicciones y simulaciones: R, SPSS Statistics, SAS, MATLAB, Stata, Excel, GeoGebra, etc., que hacen buena la afirmación de que el límite es la imaginación y la creatividad. Este fenómeno de aplicación de las tecnologías digitales y del *big data* como posibilitador de manejo de grandes volúmenes de información hace de la estadística una herramienta fundamental.

Además, la estadística está incorporando nuevas y mejores técnicas en sus investigaciones como, por ejemplo, el uso de técnicas de remuestreo (*bootstrap*, *jackknifing* y submuestreo) y simulación. En estos casos, la potencia de la informática, la programación y el avance de la IA son determinantes.

Queremos finalizar rindiendo homenaje a una serie de mujeres de las muchas que han aportado su esfuerzo y su entrega para que la estadística sea un conocimiento indispensable en nuestro mundo.

La primera de todas ellas es la británica Florence Nightingale (1820-1910), que durante la guerra de Crimea (1854) dirigió a un grupo de enfermeras británicas; su gran labor consistió en mejorar las condiciones higiénicas de los hospitales de campaña después de analizar una recopilación de datos sobre los heridos y los muertos en esa guerra (diagrama polar).

El estudio de gráficos fue también el objeto de análisis de nuestra segunda mujer, la americana Mary Eleanor Spear (1897-1986), especialista en información visual estadística para el Gobierno de Estados Unidos.

La matemática francesa Madeleine Guilbert (1910-2006), docente en la Universidad de Tours, empleó la estadística y el método de encuestas para denunciar discriminaciones de género; además, realizó estudios sobre la visibilización de la mujer en la industria y la conciliación con la vida familiar.

La matemática estadounidense Gertrude Cox (1900-1973), que en colaboración con el escocés William Cochran (1909-80) escribió el libro de texto *Experimental Designs*, un libro fundamental que aún se utiliza en todas las universidades. Cox, a pesar de ser mujer, en 1945 llegó a ser redactora jefe del *Biometrics Bulletin* de la American Statistical Association (ASA). Era una persona socialmente muy comprometida, con la estadística como "arma". Viajó por todo el mundo intentando ayudar principalmente a los países en vías de desarrollo.

Finalizaremos esta breve lista de estadísticas con nuestro reconocimiento y admiración a la estadounidense Nan Laird (n. 1943), primera mujer en ganar el Premio Internacional de Estadística (2021) por sus importantes contribuciones en el campo de la bioestadística.

Capítulo 2

Estadística descriptiva

"Algún día el pensamiento estadístico será tan necesario para la eficiencia ciudadana como la habilidad de leer y escribir".

HERBERT GEORGE WELLS (1866-1946)

2.1. Introducción

Érase una vez una profesora que debía explicar a sus estudiantes los aspectos básicos de la estadística descriptiva. Era consciente de que sabían calcular los distintos parámetros, aplicar las fórmulas adecuadas y demás, pero no eran capaces de ir un poco más allá y encontrar la verdadera sustancia de los conceptos estadísticos. Por esa razón, había proyectado afrontar la materia de una manera más informal. A sus espaldas, sobre la pared, había fijada una gran pizarra; pidió a sus estudiantes que estimasen su longitud, es decir, sin medirla. En clase había 50 estudiantes, de ambos sexos. Anotaron sus pareceres en un papel y la profesora les solicitó que reflejaran sus estimaciones, conjuntamente, en la pizarra. Los valores anotados (en metros) fueron:

3	3,5	7	4	4,25	5	5	4	6	7,5
4,5	4	5	5,5	5	4,5	6	3	6,5	5
3,5	4,5	5	5,5	6	5,5	4,8	3,5	4,5	5,2
4,5	5,3	5	4,8	4	5	5,6	5,2	4,8	4
4	4,5	5,3	5,5	4,6	5,5	4	4,6	4,8	5

A la vista de los números anotados en la pizarra, preguntó a la clase si, según esos valores, podrían dar un único valor que representase al conjunto. Pasado un rato, se produjo la primera intervención proponiendo que convendría agrupar los valores y analizarlos (este es precisamente el concepto estadístico de frecuencia). La clase lo aprobó. El conteo desembocó en la siguiente tabla:

Valores	3	3,5	4	4,25	4,5	4,6	4,8	5	5,2	5,3	5,5	5,6	6	6,5	7	7,5
Frecuencia	2	3	7	1	6	2	4	9	2	2	5	1	3	1	1	1

Entonces, la profesora preguntó de nuevo a la clase cuál sería el valor numérico que representara, lo mejor posible, este conjunto de datos.

Una alumna aventuró que el valor más repetido podría ser un buen candidato. En nuestro caso, ese valor era el 5, que se repetía nueve veces. Aunque otros estudiantes propusieron ordenar los datos de menor a mayor o viceversa, y entonces el que quedase en el medio sería el más representativo. Al ser 50 los valores, una vez ordenados el central estaría a caballo entre la posición vigesimocuarta y vigesimosexta, que corresponden a los valores 4,8 y 5, respectivamente. Por tanto, al alumnado le pareció que lo más lógico sería tomar la media de ambos, llegando al valor de 4,9 m para la longitud de la pizarra.

Un pequeño grupo de alumnos opinó que sería buena idea calcular el promedio de todos los datos; esto es, calcular lo que se conoce como media aritmética. Tras hacer los correspondientes cálculos, se llegó a que la media era 4,845 m.

La profesora consiguió su propósito: que su alumnado entendiese el problema y cómo y por qué se resolvía.

Ahora bien, podemos seguir planteando preguntas en torno a los tres valores conseguidos en la clase: ¿cuál de ellos es el más adecuado? y, por otra parte, ¿qué significa "adecuado" en este contexto?

Viene a cuento recordar un suceso que narraba Francis Galton. El insigne estadístico se encontraba en una feria de ganado que tenía lugar en Plymouth (Reino Unido) en 1906. Entre las actividades de la feria, los organizadores ofrecían un suculento premio a las personas que fuesen capaces de acertar el peso de un buey, ya eviscerado, que estaba a la venta. En la feria se encontraban ganaderos, carniceros y un buen número de personas relacionadas con ese negocio. Para participar en la estimación del peso del buey, los interesados habían de pagar seis peniques y rellenar una papeleta con el peso estimado. Una vez concluido el concurso, Galton se acercó a los organizadores y les pidió tomar nota de los pesos que mencionaban las papeletas rellenadas, 787 en total. Posteriormente, en un artículo publicado en la revista *Nature* (1907) explicó que la mediana de los datos obtenidos había sido 1.207 libras, mientras que la media aritmética era 1.198 libras. Es de señalar que el peso real del buey era 1.197 libras, desde luego muy próximo a los dos valores calculados por Galton. Ese valor "democrático" estaba en los dos casos muy próximo a la realidad. Es lo que se conoce como la sabiduría de las multitudes.

2.2. Centrémonos

Uno de los objetivos de la estadística es "domesticar" los datos, es decir, organizarlos para que sean comprensibles. Para ello, se realiza un resumen de dichos datos en una distribución de frecuencias con el fin de generar un único valor. A este proceso se le denomina promedio.

Sería deseable que el valor que se trata de obtener cumpliese una serie de condiciones:

- Que se defina rigurosamente y no sea susceptible de interpretaciones.
- Que tenga en cuenta todas las observaciones efectuadas, pues en otro caso no sería un buen representante de la distribución total de datos.
- Que se calcule con facilidad y, si es posible, con rapidez (con los medios tecnológicos de que disponemos ahora esto no es problema).

- Que el valor obtenido no esté demasiado influido (o lo esté lo menos posible) por fluctuaciones de los valores obtenidos.
- Que sea un buen representante de la distribución de valores.

Desde el punto de vista matemático, hay tres valores de uso corriente que verifican estas condiciones: la media, la mediana y la moda. Son los llamados parámetros de centralización. Sus definiciones inmediatas son:

- Media: es la suma de todos los valores dividida por el número total de los sumandos. Hay otras medias, como veremos, pero al decir simplemente "media" se sobreentiende que se trata de la media aritmética.
- Mediana: es el valor que, una vez ordenados todos, queda en el centro.
- Moda: es el valor que más se repite.

Cada una de estas medidas ofrece ciertas ventajas, pero también ciertos inconvenientes. La media puede ser engañosa en el caso de que los valores no formen una distribución suficientemente simétrica. Los valores atípicos (valores muy altos o bajos, en comparación con el resto) afectan mucho al valor de la media, y por esta razón en determinadas ocasiones no se les tiene en cuenta para calcular esa media. En resumidas cuentas, podemos asegurar que en algunos casos la media no cuenta toda la verdad.

Cuando la media se refiere al universo, población o totalidad de los valores disponibles $x_1, x_2, x_3, \ldots, x_N$, se acostumbra a representarla por medio de la letra griega μ que se calcula por medio de la siguiente fórmula:

$$\mu = \frac{\sum_{i=1}^{N} x_i}{N}$$

Cuando la media concierne solamente a una muestra de valores, se calcula de una forma similar, aunque se representa con la expresión $\bar{x}$.

Desde el punto de vista matemático, la media tiene algunas propiedades interesantes, a saber: destaca por su ecuanimidad, por representar un reparto equitativo; es una especie de punto de equilibrio.

La mediana, representada con la letra *M*, es el valor que, una vez ordenados los datos de menor a mayor, queda en el centro; es decir, que divide a los datos en dos secciones iguales. Para valores agrupados en intervalos, en vez de mediana se habla de intervalo mediano y, dentro de este, se obtiene un valor concreto por interpolación. Se debe destacar que resulta fácil calcular y que, por cierto, no se ve tan afectada como la media por la presencia de valores extremos. De hecho, la mediana es más representativa que la media aritmética cuando la población es muy heterogénea.

Asimismo, la mediana resume mejor que la media la información en ciertas circunstancias (por ejemplo, datos económicos, salarios de una empresa, etc.). La mediana es de fácil interpretación, pero suele utilizarse poco en los problemas de inferencia estadística; tiene el inconveniente de no poseer una fórmula mediante la cual calcular su valor, lo que sí ocurre con la media. Por otra parte, un aumento o intercambio del número de valores puede hacer variar sensiblemente la mediana, como sucede en la siguiente situación: en el conjunto 2, 2, 3, 8, 9 la mediana es 3; mientras que en el conjunto 2, 3, 8, 9, 9 la mediana es 8, aunque nos hemos limitado a sustituir un 2 por un 9.

La moda, que se representa por M_o, es el valor más repetido; esto es, el que más frecuencia absoluta posee. Es por tanto fácil de calcular, siendo su cálculo muy "visual". En variables continuas, expresadas en intervalos, podemos hablar del intervalo modal y si fuese necesario, mediante interpolación, se puede encontrar un valor concreto para la moda. Como su cálculo depende de las frecuencias, la moda se puede calcular también para variables cualitativas. Un aspecto interesante que se debe señalar es que variaciones fuera de la moda no la afectan, siempre que estas últimas no sobrepasen la frecuencia modal. Por último, hay que señalar que puede haber más de una moda (distribuciones bimodales o multimodales).

Se puede comprobar, además, que en distribuciones moderadamente asimétricas hay una relación empírica entre los tres parámetros de centralización, que, conforme a las representaciones y abreviaturas indicadas hasta aquí, se expresa mediante la siguiente ecuación:

$$M_o = \mu - 3(\mu - M)$$

Existen otros promedios importantes, como son la media geométrica, la media armónica y la media ponderada.

La media geométrica (m. g.) se define como la raíz *n*-ésima del producto de *n* valores contenidos en un conjunto de observaciones. En otras palabras:

$$m.g. = \sqrt[n]{x_1 \cdot x_2 \cdot \ldots \cdot x_n}$$

La media geométrica tiene una importancia crucial para los estudios de población, particularmente en el análisis demográfico. Se aplica en varios apartados: cálculo de las tasas de fertilidad y de mortalidad, estudio de las tendencias de una población, etc. Por ejemplo, si una empresa ha crecido sucesivamente en los últimos cuatro años porcentajes de 10%, 25%, 10% y 12%, y queremos calcular la media de crecimiento medio a lo largo de ese periodo, lo adecuado es calcular la media geométrica, es decir:

$$\sqrt[4]{10 \cdot 25 \cdot 10 \cdot 12} = 13{,}16$$

La media armónica de una cantidad finita de términos es igual al inverso de la media aritmética de los recíprocos de dichos términos y se recomienda para promediar velocidades.

Esta definición quizá parezca un poco críptica, pero no ofrece dificultad. Pongamos un ejemplo.

Ejemplo 1

Si recorremos una distancia de 25 km en coche a una velocidad media de 60 km/h y al regreso, esos mismos 25 km los hacemos en bicicleta a una media de 20 km/h, ¿cuál es la velocidad media del recorrido completo? Muchos pensarán que, sin más, la media de ambas velocidades es de 40 km/h. Sin embargo, la respuesta correcta es un poco más elaborada.

Se parte de los recíprocos —o inversos— de los dos valores de velocidad, 60 y 20: sus recíprocos son 1/60 y 1/20. Como la media aritmética es la suma de ambos recíprocos dividida entre dos, tenemos:

$$\frac{\frac{1}{60}+\frac{1}{20}}{2}=\frac{1}{30}$$

Y, finalmente, el inverso de 1/30 es, naturalmente, 30. La respuesta es, pues, 30 km/h.

Por último, la media ponderada (*MP*), que también es una medida de centralización. Consiste en otorgar a cada elemento de un conjunto de datos $x_1, x_2, x_3,\ldots, x_N$ un peso (ponderar significa pesar) $p_1, p_2, p_3,\ldots, p_N$ según la importancia de cada elemento. Su cálculo se expresa así:

$$MP=\frac{\sum_{i=1}^{N} x_i p_i}{\sum_{i=1}^{N} p_i}$$

La media ponderada se emplea en numerosas ocasiones, por ejemplo, en el cálculo de la nota final del alumnado cuando cada uno de los trabajos o exámenes tiene un peso o importancia diferente, el cálculo del IPC (índice de precios al consumidor) en los que se atribuye peso diferente a diferentes ítems (leche, fruta, vivienda, etc.).

2.3. La dispersión y sus consecuencias

Retomando la narración de la medida de la longitud de la pizarra, y después de analizar los pros y los contras de cada una de las medias, los estudiantes se inclinaron por la media aritmética como la mejor representante de los datos. Entonces, la profesora les preguntó cuál era el grado de dispersión respecto a la media de los datos que habían aportado los alumnos: ¿se hallaban los datos muy agrupados o no?

La estadística responde a esta pregunta, y a otras de igual índole, mediante los llamados parámetros de dispersión, que son índices de la separación, dispersión o variabilidad de los valores de la distribución respecto al promedio, que en nuestro caso es la media.

- El rango es la diferencia existente entre el valor más alto y el más bajo. Se obtiene fácilmente mediante la resta al valor mayor del valor menor.
- La desviación típica, también conocida como desviación estándar poblacional, se representa por la letra griega σ. La desviación estándar mide la variación o dispersión de la población, o universo de datos, respecto a la media.

Cuando la desviación concierne a una muestra de valores, se calcula de una forma similar, aunque se representa con la expresión s.

El cálculo de la desviación típica es algo más complicado que la media, pero su fórmula recoge los elementos esenciales para medir la dispersión. Veámoslo.

Se suma el cuadrado de la distancia a la media de cada dato (se eleva al cuadrado para anular valores negativos), después se efectúa el promedio de esa suma y, por último, se extrae la raíz cuadrada a fin de que todo vuelva a tener las mismas unidades que al principio.

$$\sigma = \sqrt{\frac{1}{N}\sum_{i=1}^{N}(x_i - \mu)^2}$$

En el caso de una muestra de *n* valores:

$$s = \sqrt{\frac{1}{n}\sum_{i=1}^{n}(x_i - \bar{\mathbf{x}})^2}$$

- La varianza es el cuadrado de la desviación típica, esto es, σ^2.
- Desviación media (*d. m.*). Como ya sabemos, la suma de todas las desviaciones respecto a la media es cero. Por este motivo se introduce la noción de desviación media. Para calcularla se suman, en términos absolutos, las diferencias entre cada valor del conjunto de datos y la media, y se divide el resultado entre el número total de datos. Esto es:

$$d.m. = \frac{1}{N}\sum_{i=1}^{N}|x_i - \mu|$$

Hay que señalar que, así como la desviación estándar es mínima cuando las desviaciones se miden respecto a la media aritmética, la desviación media se hace mínima cuando las desviaciones se miden respecto a la mediana. Además, conviene saber que la desviación media es más sensible a los valores extremos, pues mientras que la desviación estándar es, por decirlo así, más robusta.

Como curiosidad, un hecho comprobado empíricamente: en distribuciones simétricas, o muy cercanas a la simetría, se verifica que

$$\frac{d.m.}{\sigma} \approx 0{,}8$$

Por otro lado, un resultado muy importante que relaciona la media y la desviación estándar es la llamada desigualdad de Tchebychev:

En el intervalo $(\mu - K\sigma, \mu + K\sigma)$ existe, como mínimo, un porcentaje de población igual a

$$100\left(1-\frac{1}{K^2}\right)\%$$

Por ejemplo, si la altura media de un colectivo es 170 cm y la desviación típica 12 cm, entre la media y dos desviaciones típicas, esto es, en el intervalo (146,194) se hallará, como mínimo, el 75% de la población, ya que

$$100\left(1-\frac{1}{2^2}\right)\% = 75\%$$

Para finalizar con los parámetros de dispersión, es preciso citar el coeficiente de variación (*CV*), también denominado coeficiente de variación de Pearson:

$$CV = \frac{\sigma}{\mu}$$

Se trata de una medida que informa acerca de la dispersión relativa de un conjunto de datos. Se utiliza para comparar la variabilidad entre diferentes series de datos, incluso si tienen distinto tipo de unidades. Por ejemplo, un *CV* pequeño indica que los datos están más uniformemente distribuidos alrededor del promedio que un valor alto.

Ejemplo 2

Debemos estudiar una población de caballos y otra de aves pinzones. La población de caballos tiene un peso medio de 600 kg y una desviación típica de 50 kg, mientras que en la de pinzones arroja un peso medio es de 20 g y su desviación típica es de 5 g. ¿Cuál de las dos poblaciones es más dispersa? Para responder tendríamos que calcular sus respectivos *CV*.

Caballos: 50/600 = 0,08

Pinzones: 5/20 = 0,25

Por tanto, el *CV* para los caballos es el 8%, mientras que para los pinzones es el 25%. Como consecuencia de la diferencia entre las poblaciones y sus respectivos pesos medios, vemos que la población con mayor dispersión es la de los pinzones, a pesar de tener una menor desviación típica.

2.4. Posicionémonos

Además de los parámetros estudiados anteriormente, en muchas ocasiones interesa establecer la posición o localización exacta de un valor específico que pertenece a un conjunto de datos. Existen nuevos parámetros para determinar la posición de ese valor concreto en relación con los demás valores. Son los llamados parámetros de posición, y los más importantes son los cuartiles, los deciles y los percentiles.

Los cuartiles, como su nombre sugiere, dividen el conjunto de datos en cuatro partes iguales por medio de tres fronteras o límites que se conocen como: Q_1, Q_2 y Q_3 (véase figura 2.1). El primer cuartil, Q_1 (0%-25%), marca el punto en el que se concentra la primera cuarta parte de los datos. El segundo cuartil, Q_2 (0%-50%), marca el punto en el que se concentran la primera mitad de los datos (por tanto, coincide con la mediana). El tercer cuartil, Q_3 (0%-75), abarca las primeras tres cuartas partes de los datos.

Figura 2.1

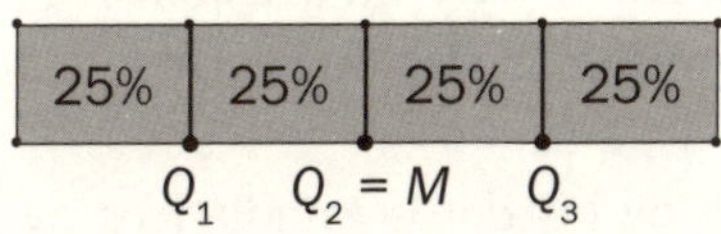

Fuente: Elaboración propia.

De manera similar, y como también indican sus nombres, se definen los deciles y los percentiles. Los deciles dividen el grupo de datos en 10 partes iguales, mientras que los percentiles lo hacen en 100 partes iguales.

De forma resumida:

- Deciles: $D_1, D_2, \ldots, D_5, \ldots, D_{10}$
- Percentiles: $P_1, P_2, \ldots, P_{25}, \ldots, P_{50}, \ldots, P_{75}, \ldots, P_{100}$

Los cuartiles, deciles y percentiles representan una escala ordinal. Se caracterizan, entre otras cosas, por no poder sumarse, combinarse o promediarse entre sí.

Las medidas de posición son importantes, a través de ellas definimos el llamado rango intercuartil (*RIC*), que es la diferencia entre el tercer y el primer cuartil; es decir, $RIC = Q_3 - Q_1$. El *RIC* se le considera una medida robusta a causa de su baja influencia sobre los valores extremos. Si hay pocos valores extremos el rango intercuartil quedará próximo a la mediana.

Es interesante calcular el *RIC* cuando se trabaja con conjuntos de datos que pueden contener valores atípicos o cuando se quiere analizar la variabilidad de los datos centrales en lugar de la de los extremos. El *RIC* se utiliza para comparar, entre otras cosas, el rendimiento de sistemas educativos, como es el caso del informe PISA.

2.5. Los gráficos estadísticos

En las páginas anteriores hemos analizado la población, o universo, mediante una serie de parámetros. Pero en ocasiones resulta más didáctico o ilustrativo presentar algo más visual: los gráficos estadísticos.

El proceso de representación de los datos estadísticos de forma "visual" se denomina *data visualization* (visualización de datos o, simplemente, *dataviz*). Su representación facilita la comprensión de datos de un vistazo. El *data visualization* no es un proceso de reciente acuñación. El ingeniero escocés William Playfair (1759-1824) concibió tres tipos de gráficos: el polígono de frecuencias, el gráfico de barras (ambos de 1786) y el gráfico de sectores (1801). Años más tarde, el ingeniero francés Charles Joseph Minard (1781-1870) esquematizó con acierto la marcha que realizó el Ejército Imperial Francés (la Grande Armée) de Napoleón en 1812 desde la frontera polaco-rusa hasta Moscú y que concluyó, como es bien sabido, en un gran desastre. Hoy en día, Minard es reconocido como uno de los principales científicos en lo que respecta a la creación de infografías y análisis de datos de tipo estadístico.

Asimismo, en 1854, el médico inglés John Snow (1813-1858) consiguió, mediante la construcción de un mapa cartográfico, identificar el origen de un brote de cólera en Londres.

En este pequeño recorrido, es necesario mencionar de nuevo a Florence Nightingale (1820-1910), que sirvió como enfermera durante la guerra de Crimea (1853-1856). Nightingale, basándose en su famoso diagrama polar, concluyó que, si bien la tasa de mortalidad era de 1.174 por cada 10.000 combatientes, 1.023 de esos fallecimientos se debían a enfermedades infecciosas. Por ello, enfatizaba que las muertes no estaban directamente causadas por heridas de combate, sino por falta de higiene en los hospitales. En sus propias palabras, tenía que "lograr a través de los ojos lo que no somos capaces de transmitir a las mentes de los ciudadanos a través de sus oídos, insensibles a las palabras". Es posible que Nightingale fuese la primera persona que utilizó los gráficos estadísticos para persuadir a las autoridades, en este caso militares, de que cambiasen sus estrategias de cuidados a los heridos de guerra.

A partir de la Revolución Industrial, por motivos comerciales y de organización, se hicieron necesarias gráficas de carácter estadístico, que supusieron una gran ayuda para la visualización y comprensión de los datos. Con la aparición de los medios, los matemáticos fueron capaces de procesar y representar grandes conjuntos de datos mediante gráficos estadísticos muy vistosos e instructivos.

Un gráfico adecuado es una herramienta muy eficaz, ya que presenta la información de manera sencilla, precisa y, en la mayoría de las ocasiones, bien clara. Hay variedad de gráficos y la mayoría son muy conocidos: histogramas, diagramas de barras, de sectores, etc. Un buen gráfico permite la comparación de datos de las distintas variables y aporta las tendencias de estos. Nos centraremos a continuación en algunos de ellos.

2.5.1. Diagrama de Pareto

También llamado curva cerrada o distribución ABC, es una gráfica que presenta los datos en orden descendente, de izquierda a derecha y separados por barras (en realidad es un histograma ordenado). Permite asignar un orden de prioridades, con lo que visualiza de forma clara cuál es la causa principal de una consecuencia. En términos generales, el diagrama de Pareto logra proyectar hacia el lector cuáles son los problemas que se deben resolver primero y facilitar grandemente la toma de decisiones.

Este diagrama se basa en el principio de Pareto o regla 80/20, que significa que el 80% de las consecuencias provienen del 20% de las causas. Este enunciado tan poco común se debe al filósofo e ingeniero italiano Vilfredo Pareto (1848-1923), quien, estudiando la riqueza en Italia en aquella época, concluyó que el 80% de la riqueza estaba en manos del 20% de la población. Su trabajo fue publicado en *Cours d'économie politique* (1896).

Veamos un ejemplo tomado del historial de incidencias de una empresa de reparto de paquetería.

EJEMPLO 3

CATEGORÍA	FRECUENCIA
A. Error en la dirección del envío	5
B. Paquete en malas condiciones	3
C. Retraso en la entrega	12
D. El producto no corresponde al pedido	4
E. No se pudo entregar el paquete	15

Esta tabla nos indica, *grosso modo*, la importancia de cada una de las categorías e incidencias, pero obliga al lector a aplicarse y calcular si quiere comprender bien lo que ocurre. Por contraste, el diagrama de Pareto hace una presentación que de un breve vistazo permite hacerse cargo de la situación y tomar una decisión expeditiva.

Figura 2.2

Diagrama de Pareto

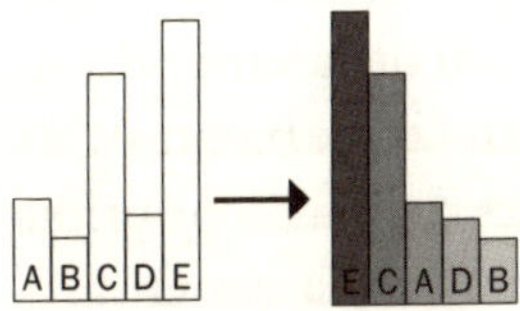

Fuente: Elaboración propia.

2.5.2. El diagrama de tallo y hojas

El diagrama conocido como de tallo y hojas facilita obtener simultáneamente una distribución de frecuencias de la variable y su representación gráfica. En la columna de la izquierda tiene todos los tallos; y la columna de la derecha tiene todas las hojas que contienen números asociados a los números de la columna izquierda.

Para graficarlo basta separar en cada dato el último dígito de la derecha (que constituirá "la hoja") del bloque de cifras restantes (que formará "el tallo").

Ejemplo 4

Dada la edad de diez personas, 26, 55, 50, 36, 24, 40, 20, 36, 26 y 45, podemos construir su diagrama de tallo y hojas a partir de sus decenas (tallo) y unidades (hojas). Agrupando todos estos datos, se obtendría la siguiente representación:

TALLO	HOJAS
2	0 4 6 6
3	6 6
4	0 5
5	0 5

2.5.3. El diagrama de caja y bigotes

Consta de un rectángulo (denominado caja), generalmente horizontal, donde sus lados más largos muestran el recorrido intercuartílico. Esta caja está dividida por un segmento vertical que indica dónde se ubica la mediana. Además, la caja está situada a escala sobre un segmento exterior a ella que tiene como extremos los valores mínimo y máximo de la variable (las líneas que sobresalen de la caja se conocen como bigotes). Es una presentación visual que describe simultáneamente varias características importantes, como la dispersión y la simetría.

Este diagrama fue propuesto en 1970 por el matemático americano John W. Tukey (1915-2000). En comparación con los histogramas y otros, el gráfico de caja y bigotes es más sencillo de entender, más claro y, por tanto, hace más rápida la comprensión visual.

Dados los datos 7, 5, 2 ,3, 6, 4, 2, 9, 1, 5, 7, 4, 6, el diagrama de cajas y bigotes correspondiente es:

FIGURA 2.3

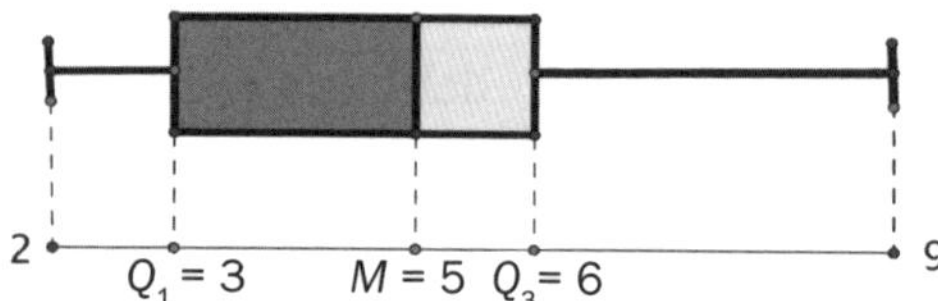

Fuente: Elaboración propia.

El diagrama de caja resume de manera muy concentrada una serie de parámetros de la población.

2.5.4. Diagramas de control

El diagrama de control, también conocido como gráfico de control, diagrama de Shewhart o diagrama de comportamiento de proceso, fue desarrollado por el estadístico norteamericano Walter A. Shewhart (1891-1967).

Este tipo de diagrama es una herramienta de análisis que muestra los valores producto de la medición de una cierta característica, ubicados en una serie cronológica. En él establecemos una línea central o valor nominal, que suele ser el objetivo del proceso o el promedio histórico, junto a uno o más límites de control, tanto superior como inferior, usados para determinar cuándo es necesario analizar fallos o eventualidades.

Ejemplo 5

El siguiente gráfico representa el número de microsoldaduras llevadas a cabo en una determinada pieza de avión, cuya supervisión se ha realizado cada 15 minutos sobre una muestra aleatoria de cuatro piezas.

Gráfico 2.1

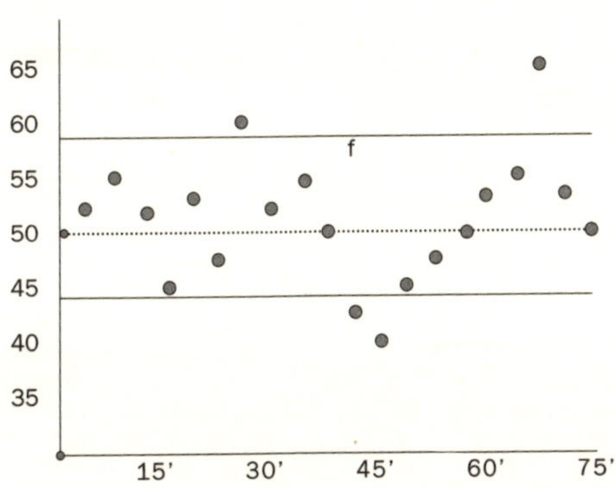

Fuente: Elaboración propia.

2.6. Errores y desinformaciones mediante gráficos y datos

La correcta visualización de datos ha sido una preocupación constante en los estadísticos. Uno de los pioneros ha sido el matemático americano Edward Tufte (n. 1942), que en su libro *Visual Display of Quantitative Information* (1983) introduce el uso de diagramas como metodología habitual para la descripción de datos. Es conocido por el concepto *chartjunk* (diagrama basura), esto es, un gráfico que al utilizar incorrectamente las visualizaciones estadísticas no aporta nada respecto a los datos representados.

Uno de los errores más comunes es realizar un estudio estadístico, sin mirar su representación gráfica. Un instructivo ejemplo de este hecho es el llamado cuarteto de Anscombe, que comprende cuatro conjuntos de datos (cada conjunto consta de 11 puntos [x, y]) de muy distinta representación gráfica a pesar de que poseen propiedades estadísticas casi idénticas.

En los cuatro casos la media de las x es igual a 9, la media de las y es igual a 7,5, la varianza de las x es 11 y la de las y es 4,12. Siendo el coeficiente de correlación entre x e y en todos los casos de 0,816. Por tanto, la recta de regresión de acuerdo con estos valores es: $y = 3 + 0{,}5x$.

Gráfico 2.2

Diagrama del cuarteto de Anscombe

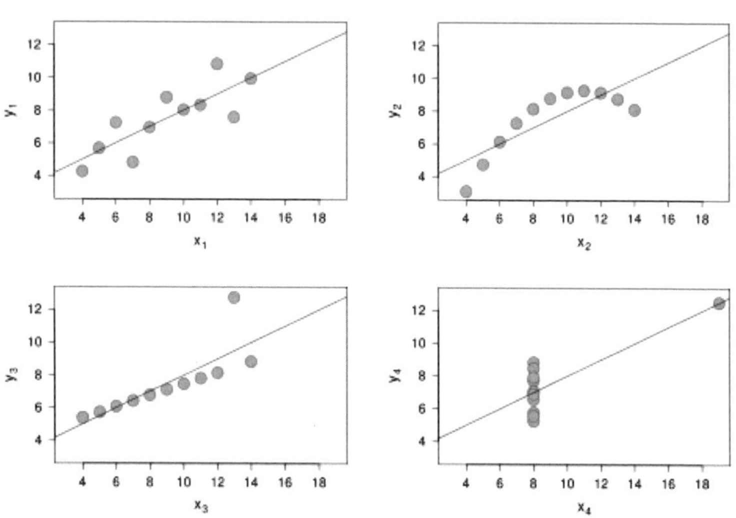

Fuente: Wikipedia.

El referido cuarteto fue publicado en 1973 por el estadístico inglés Francis Anscombe (1918-2001).

Las estadísticas pueden contener errores, en muchos casos involuntarios, debido a descuidos (cálculos mal realizados, fórmulas mal empleadas, etc.), pero también pueden deberse a una interpretación parcial de los hechos o a haber usado escalas o diagramas inadecuados o, en el peor de los supuestos, haber sido introducidos intencionadamente para conducir a deducciones interesadas. Los errores también pueden deberse a la obtención de conclusiones que pivotan sobre muestras no representativas.

Uno de los errores más corrientes es el mal empleo de conceptos básicos para representar a la población, como es el caso de la media. Veámoslo.

EJEMPLO 6

Una empresa emplea a nueve personas, cada una de las cuales gana mensualmente 2.000 euros, mientras que el dueño de la empresa recibe 8.000 euros mensuales; con estos datos, se puede desembocar en que el sueldo medio de las 10 personas es de 2.600 euros mensuales. Es un buen ejemplo de buen cálculo de la media, pero estadística falaz. Lo que nos lleva a plantearnos, en este caso, otro parámetro de representación de la empresa, como podría quizá ser la mediana.

Otra manipulación usual es empezar la escala de frecuencias en valores interesados, como sucede en el siguiente caso.

EJEMPLO 7

Cuatro concesionarios de automóviles, que llamaremos A, B, C y D, venden cierto número de coches mensualmente tal como indica la siguiente tabla. El concesionario B ha presentado en su publicidad el histograma que figura bajo la tabla.

EMPRESA	Nº DE COCHES VENDIDOS
A	125
B	130
C	110
D	127

Gráfico 2.3

Ventas mensuales de coches en las empresas A, B, C y D

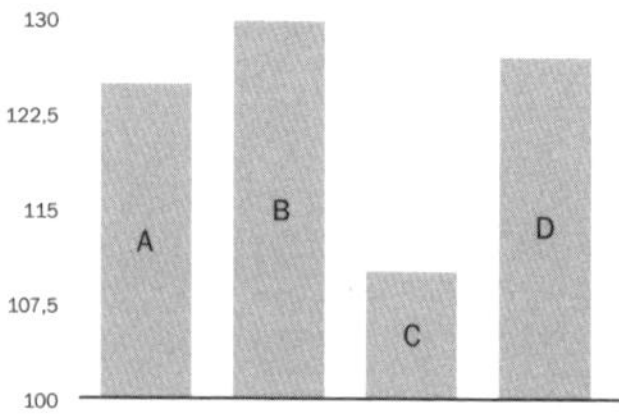

Fuente: Elaboración propia.

La gráfica presenta la comparación comenzando la escala a partir de 100 vehículos vendidos, produciendo así la falsa impresión de que el concesionario B ha vendido el triple, o casi, de vehículos que el C, lo que no es cierto; además, las ventas de B superan claramente a los competidores A y D, cuando la realidad es que las ventas de A, B y D están muy ajustadas entre sí. Si quisiéramos resaltar todavía más ese efecto falaz, solo tendríamos que representar el histograma cortándolo horizontalmente por una línea que representase 122 coches mensuales.

Añadamos que, naturalmente, una información gráfica confeccionada de buena fe puede constituir un error garrafal si se construye mediante una gráfica errónea, como sucede con los siguientes casos:

Gráfico 2.4

Sectores no proporcionales

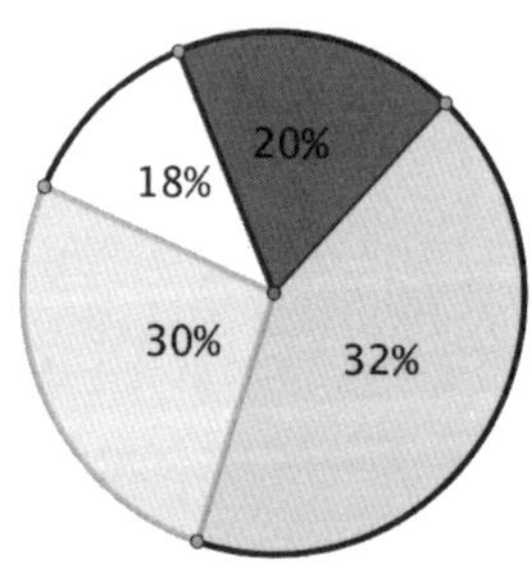

Fuente: Elaboración propia.

Gráfico 2.5

Sectores no proporcionales y además no suman el 100%

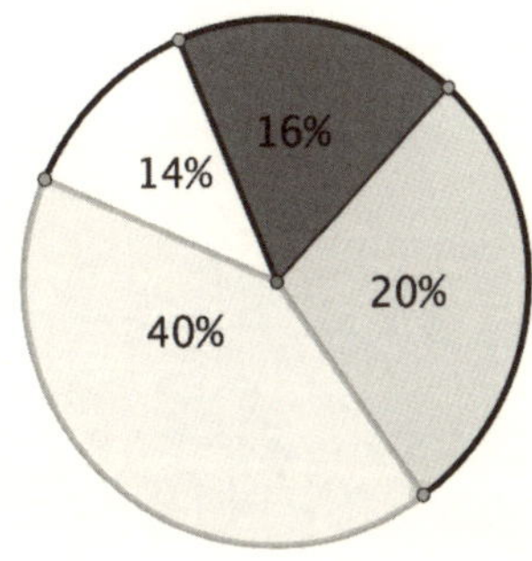

Fuente: Elaboración propia.

En ocasiones, y tratando de embellecer la gráfica, se la plasma en tres dimensiones, lo cual complica mucho lograr unas proporciones veraces, y suele suponer errores respecto a los datos reales. Por ejemplo, esta gráfica en tres dimensiones:

Gráfico 2.6

Fuente: Elaboración propia.

Es claro que el diagrama de sectores original (en dos dimensiones, no representado aquí) y este difícilmente pueden transmitir idéntica información, ya que la altura de los sectores es un factor que puede inducir a malentendidos.

En el siguiente diagrama se muestran el número de accidentes mortales de moto en Europa a lo largo de todo un año. Sin embargo, en el histograma se agrupan edades en determinados rectángulos de manera poco clara. A primera vista parece que las personas entre 25 y 30 años tuvieron la mayor parte de accidentes mortales.

Gráfico 2.7

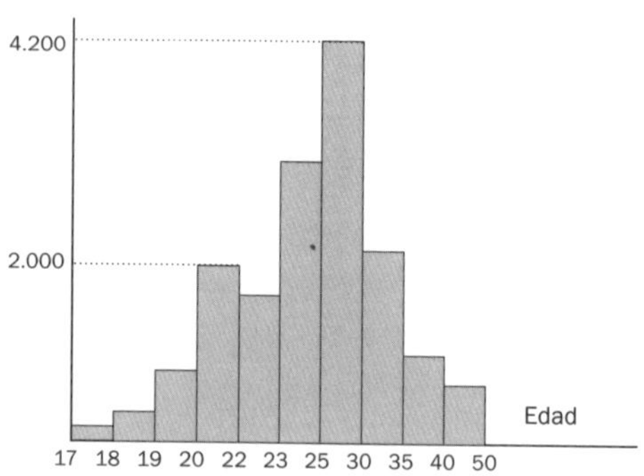

Fuente: Elaboración propia.

Hay situaciones en las que no se aportan todos los datos o estos son incompletos. Por ejemplo, una universidad anima a alumnos extranjeros para que se matriculen en verano a uno de sus cursos por medio de un anuncio con el siguiente texto: "Universidad con profesores competentes situada en una zona con una temperatura media a lo largo del verano de 23 °C y una desviación típica de 3 °C [...]", esperando con ello captar a alumnos que no soporten altas temperaturas. El anuncio no es todo lo correcto que debe ser, ya que, si la distribución de las temperaturas es más o menos normal, la temperatura variará a partir de tres desviaciones típicas, la mayoría de los días entre 14 °C y 32 °C. Pero la universidad no dice que los días de inestabilidad atmosférica, que son varios, la desviación típica es de 5 °C, lo que se traduce en que algunos de esos días la temperatura puede variar entre 8 °C y 38 °C, cotas poco agradables.

En los temas relacionados con porcentajes suele haber mucha confusión en la interpretación de estos. Un ejemplo típico es el siguiente. En un determinado periódico se da la noticia que "la incidencia sobre la salud de comer cuatro veces a la semana productos derivados de proteínas animales eleva el riesgo de padecer cáncer de colon en un 19%, también informa que es una enfermedad que tiene una incidencia sobre la población del 7%". En la explicación de la noticia reseña que el aumento del 19% es realmente preocupante, pero ¿lo es realmente?

En realidad, un aumento del 19% sobre el 7% de la población que padece la enfermedad es (7) · (1,19) = 8,33%, lo que supondría pasar de siete a poco más de ocho casos por cada 100 (en realidad, el periodista está confundiendo el riesgo relativo (19%) con el riesgo absoluto).

Actividad 1. Se ha medido la presión arterial máxima (mmHg) de una persona en 12 días diferentes. Sus resultados son: 136, 130, 134, 140, 140, 124 ,125, 120, 137, 130, 144 y 143. Comenta los resultados y realiza un diagrama de caja y bigotes.

Actividad 2. Marc Gasol, uno de los mejores jugadores de baloncesto español, tiene una estatura de 2,11 m. Encuentra la media de estatura de un hombre adulto en España y trata de calcular cuántas desviaciones típicas está la estatura de Marc por encima de la media.

Actividad 3. ¿Cuál de los siguientes dos valores de datos es más extremo en relación con el conjunto de datos del que procede?
1. El peso de un niño que pesó 4 kg a nacer, sabiendo que la población de bebés tiene una media de 3,15 kg y una desviación típica de 690 g.
2. El peso de un ternero es de 41,4 kg, sabiendo que la población de terneros tiene una media de 36 kg y una desviación típica de 6,1 kg.

Capítulo 3

Probabilidad

"Hubo una vez un rayo que cayó dos veces en el mismo sitio, pero encontró que ya la primera había hecho suficiente daño, que ya no era necesario, y se deprimió mucho".
AUGUSTO MONTERROSO (1921-2003)

3.1. Introducción

El conocimiento de la probabilidad es fundamental para la comprensión de la estadística. Si no existiera la teoría relativa al azar, la teoría estadística no sería posible.

Algunos autores, como Johnsson y Kuby (1998), han tratado de explicar las relaciones entre una y otra disciplina mediante el siguiente ejemplo:

Supongamos dos urnas cerradas. En una de ellas, llamada urna de la probabilidad, hay 15 bolas (una roja, tres verdes, cuatro blancas y el resto negras). La probabilidad trata de responder preguntas del siguiente tipo: "si extraemos dos bolas de esta urna al azar, ¿cuál es la probabilidad de que las dos bolas sean de color verde?".

En la otra urna, la urna de la estadística, también hay bolas de colores en su interior, ignorándose su composición. La cuestión clave en este caso es saber si, a partir de una extracción de bolas (una muestra), podemos hacer una conjetura razonable sobre la composición de la urna.

En definitiva, la probabilidad pregunta sobre las posibilidades de una muestra (en nuestro caso dos bolas verdes) cuando se conoce la población (15 bolas en este supuesto), mientras que la estadística pide extraer una muestra para estudiarla y describirla (estadística descriptiva) y, con ese único conocimiento, realizar inferencias o deducciones respecto a toda la población (estadística inferencial).

3.2. La probabilidad

La teoría de la probabilidad se encarga del estudio de los fenómenos o experimentos aleatorios. Es una teoría fundamental de la ciencia que nos permite medir y predecir la ocurrencia de eventos.

El hecho de que exista una teoría matemática del azar parece un contrasentido. El matemático Émile Borel (1871-1956) ya planteaba esta cuestión: ¿existen leyes del azar? Él mismo se contestaba con las siguientes palabras:

> Parece evidente que la respuesta debería ser negativa, ya que precisamente el azar se define como característica de los fenómenos que no tienen ley, fenómenos cuyas causas son demasiado complejas para que podamos preverlas. Sin embargo, los matemáticos, a partir de Pascal, Galileo y de otros muchos pensadores eminentes, han establecido una ciencia, el cálculo de probabilidades, cuyo objeto ha sido generalmente definido como el estudio de las leyes del azar.

Sin ánimo de profundizar en la teoría de la probabilidad, vamos a detenernos someramente en el llamado teorema de Bayes. Este teorema trata sobre la actualización de nuestras probabilidades a medida que obtenemos nueva información. Es un enfoque para entender cómo el conocimiento previo (denominado probabilidad previa) se combina con nueva evidencia para formar una probabilidad actualizada (probabilidad posterior).

Su enunciado general es el siguiente:

Sea $\{A_1, A_2, \ldots, A_i, \ldots, A_n\}$ un conjunto de sucesos que forman una partición del espacio muestral Ω tales que la probabilidad de cada uno de ellos es distinta de cero, y sea B otro suceso cualquiera del espacio muestral Ω del que se conocen las probabilidades condicionales $P(B|A_i)$. Entonces, la probabilidad $P(A_i|B)$ viene dada por la expresión:

$$P(A_i|B) = \frac{P(B|A_i)P(A_i)}{P(B)} = \frac{P(B|A_i)P(A_i)}{\sum_{j=1}^{n} P(B|A_j)P(A_j)}$$

3.3. Algunas situaciones

A continuación, pondremos algunos ejemplos de situaciones en diferentes ámbitos (sanitarios, deportivos…). Veamos en primer lugar un típico ejemplo correspondiente al ámbito sanitario y que puede causar una cierta perplejidad:

Ejemplo 1

El grado de contagio de una determinada infección en cierta población es de 0,003 (tres personas de cada mil, lo que se denomina prevalencia). Se dispone de un test para detectar la presencia de la infección con una sensibilidad del 93% (lo que significa que cuando una persona está infectada, el test confirma ese hecho en el 93% de los casos) y una especificidad de 97% (que quiere decir que cuando una persona no está infectada el test se lo confirma en el 97% de los casos). Con estos datos queremos valorar la probabilidad de que una persona de dicha población esté realmente infectada si se sabe que el test de la infección le ha resultado positivo.

De acuerdo con estos datos, denotando por B y B^c los sucesos de si la persona tiene o no tiene infección, sus respectivas probabilidades de infección son:

$$P(B) = 0{,}003 \text{ y } P(B^c) = 0{,}997$$

Si además denotamos con (+) y (–) los resultados positivo y negativo correspondientes a la prueba de infección, podemos decir, según el enunciado que

$$P(+|B) = 0{,}93 \text{ y } P(-|B) = 0{,}07$$

Este último valor es el llamado falso negativo, ya que teniendo la infección el test le dice que no la tiene.

Además, $P(+|B^c) = 0{,}03$ y $P(-|B^c) = 0{,}97$.

El primer valor se llama falso positivo; es decir, no teniendo la infección, el test le dice que sí la tiene. Luego podemos calcular la probabilidad de que la persona esté infectada (probabilidad total).

Como

$$P(+) = P(+|B).P(B) + P(+|B^c).P(B^c) = (0{,}93)(0{,}003) + (0{,}03)(0{,}997) = 0{,}0327$$

aplicando el terorema de Bayes, la probabilidad de que una persona que tenga un test positivo esté realmente infectada es

$$P(B|+) = \frac{P(+|B) \cdot P(B)}{P(+)} = \frac{(0{,}93) \cdot (0{,}003)}{0{,}0327} = 0{,}085 \approx 8{,}5\%$$

Parece extraño que un test relativamente fiable (del 93%) arroje una probabilidad tan baja. Sin embargo, hay un dato relevante, ya que la probabilidad inicial de tener la infección es $P(B) = 0{,}003$, mientras que después del test $P(B|+) = 0{,}085$, y vemos que ha pasado de ser 3 a ser 85 por personas infectadas por cada mil personas, esto es, se ha multiplicado por 28.

Si hiciéramos un estudio más "sencillo", sin utilizar la fórmula de Bayes, tendríamos:

Figura 3.1

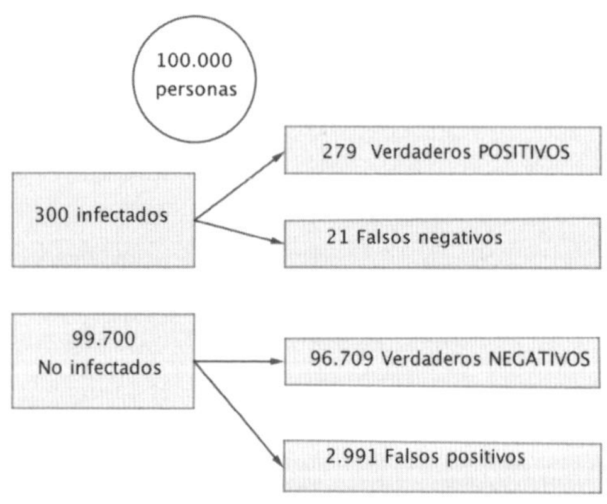

Fuente: Elaboración propia.

Podemos observar que, entre las 100.000 personas, el número de falsos positivos (2.991) supera a los verdaderos positivos (279) a pesar de la especificidad de la prueba (97%). Curiosamente, si la sensibilidad de la prueba fuese del 100%, en vez del 93%, seguiría ocurriendo lo mismo.

De acuerdo con los datos obtenidos, la probabilidad de que una persona que tenga un test positivo esté realmente infectada es

$$\frac{279}{(279 + 2991)} = 0{,}085$$

Este es un asunto preocupante. La razón de ello es que se suelen diseñar cribados (pruebas) que con un coste reducido sean capaces de detectar el mayor número posible de casos potenciales y además pasar por alto el menor número posible de ellos.

Ante este problema, y desde el punto de vista sanitario, ¿qué más podemos hacer? Una manera sencilla de mejorar la precisión de la prueba es simplemente realizar una segunda prueba de Bayes. Esta prueba suele tener un valor diagnóstico, ya que descarta la mayoría de los falsos positivos.

Recordemos que de las hipotéticas 100.000 personas el test pronostica que hay 279 verdaderos positivos y 2.991 falsos positivos. Son estos los dos grupos de personas que vamos a estudiar nuevamente.

FIGURA 3.2

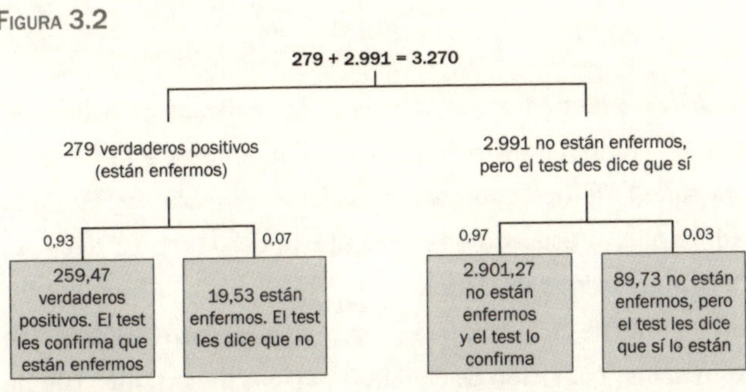

Fuente: Elaboración propia.

Por tanto, al someter al mismo test por segunda vez a las personas que resultaron positivas, obtenemos que la probabilidad de que estén realmente infectadas es

$$P = \frac{259{,}47}{259{,}47 + 89{,}73} = 0{,}74 = 74\%$$

Esto sucede porque en el primer test existían muchos falsos positivos (2.991), mientras que después de pasar por segunda vez el test el número de falsos positivos descendió notablemente (89,73, o redondeando 90).

El problema de la sensibilidad y la especifidad es interesante, constatándose que habitualmente hay una correlación negativa entre los falsos positivos y los falsos negativos. Aunque cueste aceptarlo, los falsos positivos y los falsos negativos son inevitables. Hay que tener presente que los cribados que suelen hacerse no son pruebas diagnósticas y sus conclusiones se han de tomar como datos a tener en cuenta, pero no infalibles.

Es importante señalar que manejar adecuadamente el teorema de Bayes es crucial. No es lo mismo, en general, la probabilidad de que suceda A si B sucede que la probabilidad de que B suceda si A sucede (para que sean iguales habrá que multiplicar la primera de ellas por un factor de corrección que es $P(A)/P(B)$. Este error es muy corriente y se denomina en la literatura científica la falacia del fiscal. Se da en muchos juicios, una argumentación muy clásica es la siguiente:

Ejemplo 2

En un juicio el fiscal argumenta que la sangre del acusado coincide con la de la escena del crimen. Sabemos que este tipo de sangre lo tienen 1 entre 1.000 personas. De acuerdo con estos datos, el fiscal esgrime que la probabilidad de que el acusado sea inocente es de 0,001, es decir, es culpable con una probabilidad de 0,999.

Recapitulemos. Se trata de un razonamiento muy común pero rotundamente falso. Supongamos una población de 100.000 personas, por tanto, 100 de ellas tendrán el mismo tipo de sangre; uno de ellos será potencialmente el culpable. Si no tenemos ninguna otra evidencia en contra del acusado, él tendrá la misma probabilidad que los otros 99, por tanto, la probabilidad de ser inocente es de 0,99, en vez de 0,001.

Ejemplo 3

Recordemos el célebre caso de la atleta americana Mary Decker Slaney (1958), que fue acusada de dopaje en las sesiones preparatorias de los Juegos Olímpicos de Atlanta (1996). En esa época, uno de cada diez atletas se dopaba con un compuesto de testosterona. Las técnicas de análisis tenían un 1% de falsos positivos, mientras que las pruebas a los que se consideran dopados tenían un acierto del 50%. Pues bien, según la prensa, la probabilidad de que la atleta se dopara era del 99%, cuando la realidad estaba alejada de esta cifra. Veamos.

Supongamos 1.000 atletas, de ellos se doparán 100 (1 de cada 10), de estos, 50 (el 50% de 100) serán detectados como dopados. Mientras que, de los 900 atletas no dopados, la prueba culpabilizará a 9. Por tanto, de acuerdo con los datos, la probabilidad de que la atleta fuese realmente culpable era de:

$$50/59 = 0{,}847 \ (84{,}7\%)$$

Realmente es un dato alto, pero lejos del abrumador 99% del que informaron algunos medios de comunicación.

Un caso muy impactante aplicando métodos bayesianos lo llevó a cabo el célebre matemático inglés Alan Turing (1912-1954). Tratando de descifrar los mensajes del ejército alemán en la Segunda Guerra Mundial, se dio cuenta de que en casi todos los mensajes había coincidencia en cuatro letras (eins): allí tenían una primera pista que sirvió al equipo de científicos que él dirigía para plantear conjeturas y, utilizando métodos bayesianos, evaluar las probabilidades de descubrir más y más mensajes.

3.3.1. De fútbol, tenis...

Como es sabido, hay partidos de fútbol que se dirimen a penaltis. Para ello se sortea quién va a tirar el penalti en primer lugar (A) y quien lo hará en segundo lugar (B), y luego se lanzan en el orden ABABABABAB...

La mayoría de los estudios estadísticos que se han realizado en torno al tema nos dicen que el equipo que lanza en primer lugar tiene una ligera ventaja; efectivamente, de acuerdo con datos recogidos entre 1970 y 2003, en la categoría de fútbol masculino, de 294 tandas de penaltis, en 151 de ellas ganó el equipo que lanzó en primer lugar (51,4%). En el periodo 2003-2023 se han estudiado las 369 eliminatorias en las que se tiraron los penaltis y los resultados ha sido similares (50,40%). Sin embargo, en el futbol femenino, según los datos estudiados, los equipos que lanzan en primer lugar solo ganan en el 37,5% de las ocasiones.

Estos datos, aunque son dignos de estudio, no prueban desde el punto de vista científico que en el caso masculino el equipo que lanza los penaltis en primer lugar tenga ventaja; o que, en el caso femenino, tenga ventaja quien lanza en segundo lugar. Lo que sí puede ser interesante es estudiar si hay otra manera mejor de ordenar el lanzamiento de penaltis de una manera más justa. Algunos abogan por una disposición como ABBAABBAAB...

Del mismo modo, en tenis, los entendidos abogan por momentos cruciales en el desarrollo de un set; son los momentos del partido en que los marcadores están 15:30 y 30:40. Sin embargo, detrás de estas estadísticas y selva de datos, no hay una matemática rigurosa.

3.3.2. Los tríos en probabilidad

En la película de Sergio Leone *El bueno, el feo y el malo* (1966), se produce al final un duelo entre los tres personajes principales. Lo llamaremos "truelo". Esta situación es motivo para analizar la siguiente cuestión.

Ejemplo 4

Tres personas A, B y C se enfrentan en un duelo a tres (truelo), con probabilidad de acierto de 1; 0,8 y 0,5, respectivamente. Se sortea el orden de actuación: 1, 2, 3 y, después, se disparará cíclicamente, esto es: 123123123..., salvo que uno de los contendientes resulte muerto. Cada persona elige libremente al contrincante al que va a disparar. Si actúan de manera inteligente, ¿qué probabilidad de supervivencia tiene cada uno?

Hay una observación importante: siempre que vivan las personas A, B y C, la persona C disparará al aire, pues si C alcanza a uno de sus contrincantes, tiene muchas posibilidades de que la persona que quede viva le alcance a él en el disparo. Esta estrategia le permitirá a C disparar contra el superviviente en primer lugar.

Del mismo modo, la mejor estrategia de A será disparar sobre B, ya que después se enfrentaría a C y tendrá una probabilidad de 0,5 de seguir vivo, mientras que si A disparase sobre C, se enfrentaría a B y solamente tendría una probabilidad de 0,20 de sobrevivir.

Si analizamos el caso de B, su mejor estrategia es disparar a A, porque, si no, en el siguiente turno, A, que no falla, lo matará.

Por tanto, como C tira al aire mientras vivan A y B, estudiaremos el enfrentamiento entre A y B; estos se enfrentarán entre sí, y cuando uno de ellos le alcance al otro, quedará un duelo a dos entre el superviviente del duelo anterior (A o B) y C. Esta estrategia le permitirá a C mantener el duelo contra el superviviente, pero tirando en primer lugar. Así pues, vamos a estudiar en primer lugar el duelo entre A y B.

Duelo de A con B

Veamos la probabilidad de que A gane a B en ese duelo particular.

Figura 3.3

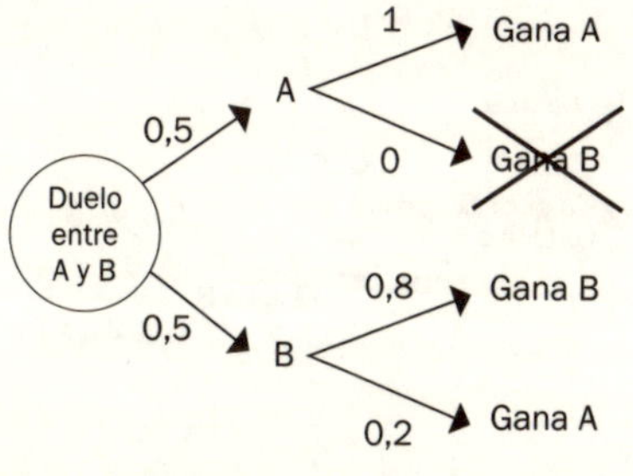

Fuente: Elaboración propia.

Desde luego, tanto A como B tienen las mismas posibilidades de iniciar el duelo (0,5). Si A disparase en primer lugar moriría B, luego su probabilidad de ganar en este caso sería (0,5) · 1 = 0,5. Pero incluso disparando B, si este fallase, entonces también sobrevivirá A, con probabilidad (0,5) · (0,2) = 0,1. Por tanto, la probabilidad de que A gane a B es la suma de las dos opciones, esto es: 0,5 + 0,1 = 0,6. Una vez que A haya vencido, se enfrenta a C, a quien le toca disparar en primer lugar.

Duelo de A con C

FIGURA 3.4

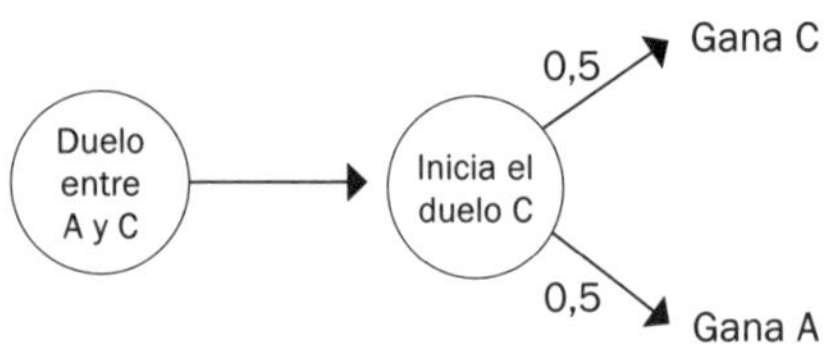

Fuente: Elaboración propia.

Es claro que la probabilidad que tiene A de sobrevivir es de 0,5 (entre A y C). Por tanto, la probabilidad de que A sobreviva a B y C es de (0,6) · (0,5) = 0,3 puesto que son sucesos independientes.

Estudiemos ahora el caso de B, en particular el duelo entre B y C. En este caso, B tendría que haber sobrevivido en el duelo que tuvo contra A, cuya probabilidad es de 1 – 0,6 = 0,4.

Duelo de B con C

FIGURA 3.5

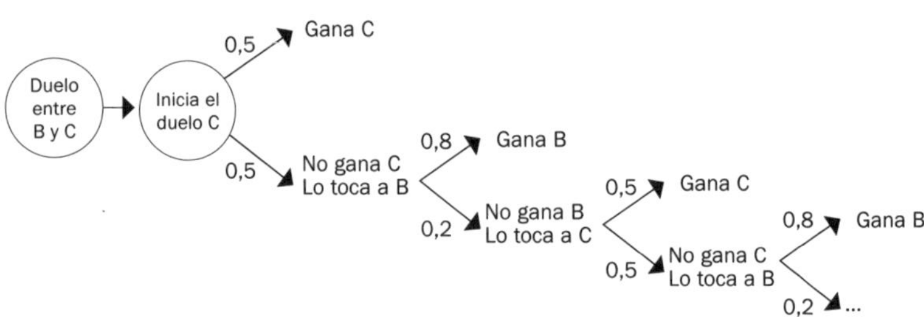

Fuente: Elaboración propia.

La probabilidad de que B gane (figura 3.5) a C en su duelo particular será

$$(0,5)\cdot(0,8) + (0,5)\cdot(0,2)\cdot(0,5)\cdot(0,8) + (0,5)\cdot(0,2)\cdot(0,5)\cdot(0,2)\cdot(0,5)\cdot(0,8) + \ldots =$$

$$0,4\sum_{0}^{\infty}\left(\frac{1}{10^n}\right) = \frac{4}{9}$$

Por tanto, la probabilidad de que B sobreviva a A y C es de (0,4)·(4/9) = 8/45, ya que son sucesos independientes.

Puesto que tenemos las tres posibilidades, la probabilidad de que C sobreviva a A y B será

$$1 - \frac{8}{45} - \frac{2}{5} = \frac{47}{90}$$

Curiosamente, C, que partía con la menor probabilidad, resulta que es el que más posibilidades tiene de sobrevivir, siempre que utilice una estrategia inteligente.

3.4. Markov y los paseos aleatorios

Hace más de cien años el matemático ruso Andrei Márkov (1856-1922) fundó una nueva rama de la probabilidad, los llamados procesos de Markov.

Markov, estudiando la obra *Eugene Onegin*, de Alexander Pushkin (1799-1837), fue contando la secuencia de vocales y consonantes con intención de descubrir si existía alguna pauta en el texto de tan insigne obra. Si bien sus conclusiones no fueron importantes para la literatura, sí lo han sido para las matemáticas.

De manera resumida, diremos que su estudio se centró en las 20.000 primeras letras de la novela en verso de Pushkin, de las cuales 8.638 (43%) era vocales (V), y el resto, 11.362 (57%), consonantes (C). Se fijó luego en la frecuencia de dos letras consecutivas: encontró 1.104 pares de vocales (VV), 3.827 (CC) consonantes dobles y 15.069 pares de vocal y consonante, o de consonante y vocal. Markov dio un paso más al tratar la sucesión de letras como una secuencia aleatoria. Una vez realizado el estudio inicial, se preguntaba si las letras eran o no independientes en el poema, esto es, si, por ejemplo, el poner una consonante no influía en la siguiente letra.

Veamos la independencia, o no. Supongamos que la probabilidad de que una letra sea vocal o consonante es independiente de cuál era la letra anterior:

a) La probabilidad de que una vocal le siga una vocal, en el caso de que sean independientes estos sucesos, será (0,43) · (0,43) = 0,185,
b) de que a una vocal le siga una consonante será (0,43) · (0,57) = 0,245,
c) de que una consonante vaya seguida de una vocal será (0,57) · (0,43) = 0,245,
d) de que una consonante vaya seguida de una consonante será (0,57) · (0,57) = 0,325.

Si, por ejemplo, fueran independientes, esperaríamos que hubiese (20.000) · (0,185) = 3.700 pares de letras donde una vocal va seguida de otra vocal; sin embargo, esto no sucede, pues en la práctica hay 1.104 pares de vocales (menos de un tercio de los 3.700).

Desde esta observación del ejemplo, la conclusión es clara: las letras no son independientes en el poema y en cada una de ellas se observa una dependencia de la letra anterior.

Pero el gran éxito del estudio de Markov consistió en preguntarse qué información adicional supone conocer las dos letras anteriores para obtener si la tercera letra, la cuarta, etc., es vocal o consonante. Esta cuestión dio lugar a las llamadas cadenas de Markov.

Una cadena de Markov puede ser representada como un paseo aleatorio en un grafo dirigido con pesos en las aristas. Esto es, un grafo en el que cada arista tiene asignado un número real positivo, su peso. Es esto lo que se conoce como modelo de Markov o proceso de Markov. Es un concepto importante dentro de la teoría de la probabilidad y la estadística, y establece una gran dependencia entre un suceso y otro anterior. Una característica clave de la marcha aleatoria de una cadena de Markov es que cada estado decide aleatoriamente hacia dónde ir sin tener en cuenta los estados anteriores (o pasados). Se suele decir que la cadena de Markov no tiene memoria[3].

De otro lado, la teoría de los procesos estocásticos se centra en el estudio y modelización de sistemas que evolucionan a lo largo del tiempo (o del espacio), de acuerdo con leyes de carácter aleatorio. Por ejemplo, el número de coches que esperan en una gasolinera en un momento dado. Este tipo de situaciones se estudian en la teoría de colas. En general, se utilizan para describir la evolución de un sistema. El ejemplo 5 es aclaratorio.

Ejemplo 5

Una persona tiene 1.000 euros y necesita urgentemente 6.000 euros. Decide ganarlos participando en un juego audaz: en cada jugada, apuesta una cantidad de dinero que le acerque lo más posible a su objetivo. Esto es, si parte con 1.000 euros, lo apuesta todo; si gana, obtiene 2.000 euros y si pierde se queda sin dinero. Si llegase a obtener 4.000 euros apostaría 2.000 euros, pues con ellos ya alcanza su objetivo y en caso de perder se queda aún con 2.000 euros. ¿Cuál es la probabilidad, mediante esta estrategia, de obtener los 6.000 euros partiendo de 1.000?

En primer lugar, conviene estudiar todos los estados posibles. Estos son A (inicio de la apuesta), P (perdedor), B, C y G (ganador). La cadena representa indicando en cada arista (conexión entre estados) su probabilidad para pasar de un estado a otro. Por ejemplo, de A podemos ir a P o a B con la misma probabilidad (1/2).

3. Para profundizar en este tema, véase Feller (1975).

Figura 3.6

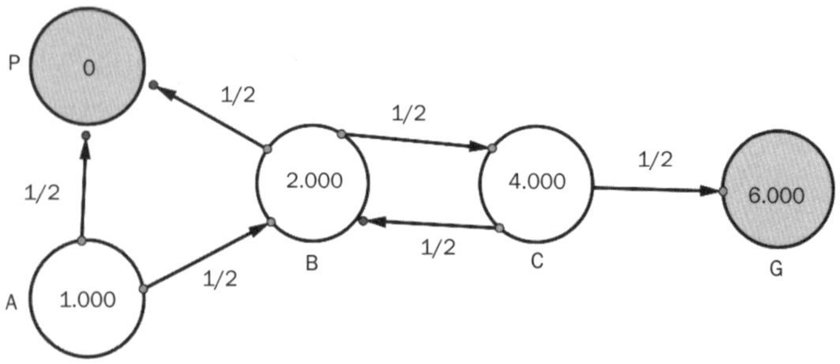

Fuente: Elaboración propia.

Por tanto, para ir de A a G hay varias posibilidades (varios caminos): ABCG, ABCBCG, ABCBCBCB..., etc. Evidentemente, la suma de todos estos caminos da la probabilidad total.

$$P(ABCG) = P(AB) \cdot P(BC) \cdot P(CG) = \frac{1}{2} \cdot \frac{1}{2} \cdot \frac{1}{2} = \frac{1}{2^3}$$

$$P(ABCBCG) = P(AB) \cdot P(BC) \cdot P(CB) \cdot P(BC) P(CG) = \frac{1}{2} \cdot \frac{1}{2} \cdot \frac{1}{2} \cdot \frac{1}{2} \cdot \frac{1}{2} = \frac{1}{2^5}$$

Si observamos cada pequeña probabilidad obtenida es un pequeño sumando de una serie geométrica de razón 1/4, luego:

$$P(AG) = \frac{1}{2^3} + \frac{1}{2^5} + \frac{1}{2^7} + \cdots = \frac{1}{6}$$

Ante esta situación nos surge una interesante conjetura: si partimos de 1 euro y queremos conseguir *N* euros, ¿la probabilidad de conseguirlos mediante un juego audaz será 1/*N*?

Esta situación, y el empleo de los sucesivos estados de la cadena, es la clave de muchos problemas relacionados con la probabilidad.

Hay cantidad de situaciones interesantes en las que la teoría de la probabilidad conecta con la estadística. Esto será objeto de estudio en los siguientes capítulos.

Actividad 1. ¿Cuál de las siguientes situaciones es más probable al lanzar un dado cinco veces: obtener exactamente tres seises u obtener como mínimo tres seises?

Actividad 2. Resolver el problema del jugador audaz en el caso de que quiera conseguir 5.000 euros.

Actividad 3. Se escuchan cuatro discos y se vuelven a guardar en su carpeta al azar. ¿Cuál es la probabilidad de que, al menos, uno de los discos haya sido guardado en la carpeta que le correspondía?

Actividad 4. El vigilante de una tienda tiene tres llaveros: A, B y C; el primero, con cuatro llaves, el segundo, con siete y el tercero, con ocho. Solo una llave de cada llavero abre la puerta de la tienda. Se escoge al azar un llavero y, de él, una llave para abrir la tienda. ¿Cuál será la probabilidad de que el llavero escogido sea el B y la llave no abra la tienda? Si la puerta se abrió, ¿cuál es la probabilidad de que la llave pertenezca al llavero C?

Capítulo 4

Distribuciones de probabilidad

"Es una verdad muy cierta que, cuando no esté a nuestro alcance determinar lo que es verdad, deberemos seguir lo que es más probable".

René Descartes (1596-1650)

Uno de los conceptos clave en el campo de la probabilidad y la estadística es el de variable aleatoria[4]. Si la variable aleatoria toma valores aislados, se dice que es discreta; en otro caso, es continua, es decir, cuando la variable puede tomar cualquier valor de un intervalo.

Asociada a la variable aleatoria tenemos la distribución de probabilidad, denominación que describe su finalidad. La manera usual de describir la distribución de probabilidad es mediante la función de masa de probabilidad en el caso de variables discretas, y la función de densidad en el caso de variables continuas.

La búsqueda de modelos de distribución que representen el comportamiento de fenómenos del mundo real ha sido una preocupación constante para la ciencia y en su búsqueda se han implicado todo tipo de científicos. Hay dos tipos de distribuciones: discretas y continuas. Las distribuciones discretas describen la probabilidad de ocurrencia de cada valor de una variable aleatoria discreta, mientras que las distribuciones continuas describen la probabilidad de ocurrencia de cada valor de una variable aleatoria continua. Veamos algunas distribuciones de probabilidad.

4. Una variable aleatoria es una función matemática que asigna un valor, usualmente numérico, a los resultados de un experimento aleatorio.

4.1. Distribución binomial $B(n,p)$

Se utiliza para resolver situaciones probabilísticas en las que solo hay dos posibles resultados mutuamente excluyentes (no pueden darse simultáneamente). Además, tiene otra característica importante: las pruebas de las que se obtienen los éxitos o los fracasos son independientes (el hecho de que ocurra un suceso no influye en el resultado obtenido en sucesos posteriores). Y, por último, las probabilidades de éxito o fracaso son constantes. El cumplimiento de estos apartados se denomina proceso de Bernouilli.

Dicha distribución fue estudiada y desarrollada por Jakob Bernoulli (1654-1705) en su libro *Ars Conjectandi* (El arte de la conjetura), publicado en 1713 por su sobrino Nicolaus (1687-1759). En esta obra resuelve una serie de problemas relacionados con los juegos de azar, muchos de ellos planteados por el matemático holandés Christiaan Huygens (1629-1695); además, introduce nuevas herramientas, como la conocida como distribución de Bernoulli o distribución binomial.

Sin duda, es la distribución de probabilidad discreta más importante: permite calcular la probabilidad de eventos binarios y estimar parámetros; asimismo, está relacionada con otras distribuciones estadísticas importantes como la hipergeométrica y la de Poisson.

La distribución binomial tiene tres variables: n es el número de veces que repetimos el experimento, p es uno de los dos resultados al que llamaremos probabilidad de éxito y $q = 1 - p$ es el otro resultado posible al que llamaremos probabilidad de fracaso.

Teniendo en cuenta las condiciones anteriores, la probabilidad de que se produzcan exactamente r éxitos de los n posibles, de acuerdo con la ley de independencia, será $p^r \cdot (1 - p)^{n-r.}$

Si se tiene en cuenta el orden en el que pueden ocurrir los r éxitos, se requiere sumar las probabilidades de todos los sucesos excluyentes que verifican esta condición, de donde se obtiene:

$$P(X = r) = \binom{n}{r} p^r \cdot (1 - p)^{n-r};\ r = 0, 1, 2, \dots, n$$

En definitiva, cuando se modela una situación en la que hay *n* ensayos independientes con una probabilidad *p* de "éxito" constante en cada ensayo, utilizamos una distribución binomial.

Hay situaciones que *a priori* pueden parecer difíciles de resolver; sin embargo, la binomial está "al rescate", como sucede con la situación siguiente.

4.1.1. El problema del dibujante

Ana es una persona que está aprendiendo a dibujar. Según ella, uno de cada dos dibujos le sale aceptablemente bien. Está interesada en regalar uno de sus dibujos a su amiga Patricia y, naturalmente, quiere que su dibujo sea bueno. Piensa que si hace un solo dibujo puede quedar mal y que si hace dos tiene más posibilidades de que uno de ellos sea aceptable, pero… piensa que si hace más dibujos es más probable que alguno de ellos sea bueno. ¿Cuántos dibujos tiene que hacer Ana para tener un 95% de probabilidades de que al menos uno de ellos sea aceptable?

Realizando un simple conteo, si Ana hace dos dibujos, puede suceder que tenga uno, dos o ninguno aceptable. Los casos posibles serán: BB, BM, MB, MM (B significa buen dibujo). Por tanto, la probabilidad de tener al menos un buen dibujo es de 3/4, es decir, el 75%.

Si hiciera tres dibujos, los casos posibles son los ocho siguientes:

BBB, BBM, BMB, MBB, MMB, MBM, BMM y MMM

En este caso, la probabilidad de tener, al menos, un buen dibujo es de 7/8, es decir, el 87,5%. Por este camino llegaríamos a la solución, pero el proceso puede ser largo. Los siguientes esquemas representan las situaciones con 1, 2 y 4 dibujos y sus probabilidades respectivas.

Gráfico 4.1 A, B y C

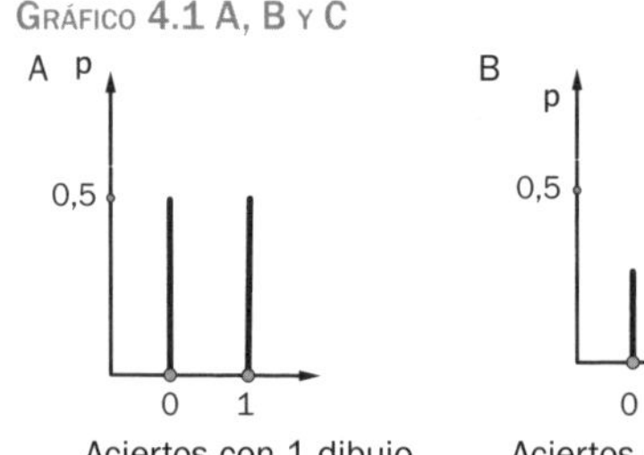

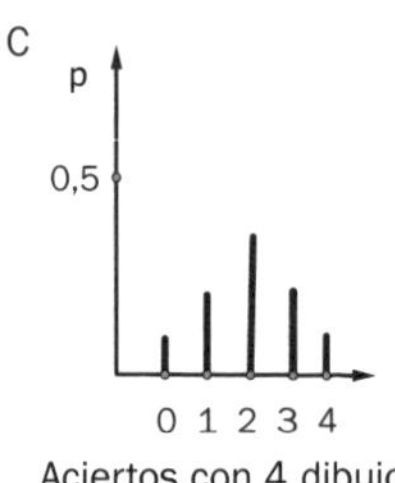

Fuente: Elaboración propia.

Los diagramas de barras representan los elementos discretos de probabilidad de cada uno de los eventos posibles. Podemos observar que a medida que aumentan las posibilidades también aumenta el número de barras, ajustándose gradualmente a una distribución binomial:

$$P(X = r) = \binom{n}{r} p^r \cdot (1 - p)^{n-r}$$

dado que

$$P(X = 0) + P(X = 1) + P(X = 2) + \cdots + P(X = n) = 1$$

$$P(X \geq 1) = 1 - P(X = 0)$$

Por consiguiente, hay que encontrar el n adecuado para que $P\ (X \geq 1) \geq 0{,}95$. Probemos, pues, distintos valores de n.

Para $n = 4$, tenemos que

$$P(X \geq 1) = 1 - P(X = 0) = 1 - \binom{4}{0} (0{,}5)^0 \cdot (0{,}5)^4 = 1 - 0{,}0655\ = 0{,}9375$$

Y para $n = 5$

$$P(X \geq 1) = 1 - P(X = 0) = 1 - \binom{5}{0} (0{,}5)^0 \cdot (0{,}5)^5 = 1 - 0{,}03125\ = 0{,}9687$$

De acuerdo con estos cálculos, Ana piensa que es conveniente hacer, al menos, cinco dibujos; con ellos, se "asegura" de que al menos uno de ellos estará bien.

Dependiendo del valor de p, la distribución binomial tendrá distintas representaciones para los mismos valores de n, pero en todos los casos su forma es similar (de hecho, se parece a una distribución normal, que se explicará más adelante).

GRÁFICO 4.2 A, B Y C

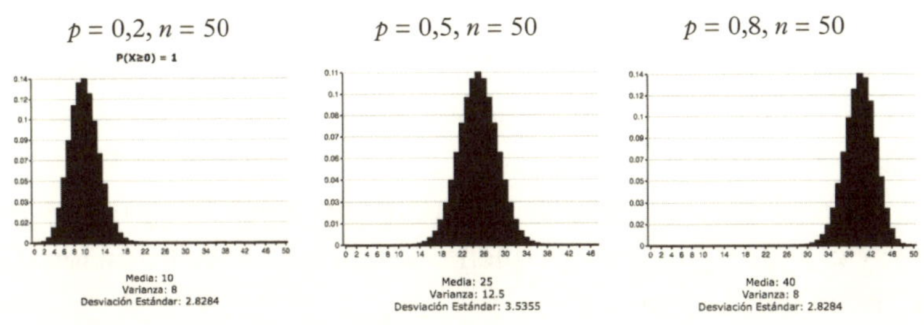

Fuente: Elaboración propia.

4.2. La distribución de Poisson

Imaginemos una situación en la que un evento poco frecuente puede ocurrir muchas veces a lo largo del tiempo o del espacio. Por ejemplo, podríamos estudiar la probabilidad de que ciertos incidentes se presenten en un lugar concreto, sin necesidad de que haya un número fijo de intentos. Para analizar estos casos, existe un modelo matemático llamado distribución de Poisson (que en realidad fue introducida en 1718 por el matemático francés Abraham de Moivre), sin embargo, debe su nombre al matemático francés Siméon Denis Poisson (1781-1840). Como sabemos, cuando la variable se ajusta a la distribución binomial, se pueden contar tanto el número de ocurrencias de un evento como el de no ocurrencias. Sin embargo, hay circunstancias en las que hay variables que nos indican el número de sucesos que ocurren por unidad de espacio o de tiempo. Poisson trató de adaptar la distribución binomial a estas circunstancias descubriendo una nueva distribución cuya probabilidad de que se presenten x ocurrencias es:

$$P(X = x) = e^{-\lambda}\frac{\lambda^x}{x!}$$

siendo λ el número medio de ocurrencias.

Este trabajo forma parte de su obra *Recherches sur la probabilité des jugements en matière criminelle et en matière civile* (Investigaciones sobre probabilidades en juicios en materia penal y civil, 1837).

Esta distribución surge como límite de la distribución binomial cuando se observa un evento raro (debe ser entendido en el sentido de que la probabilidad de observar k eventos decrece rápidamente a medida que k aumenta) después de un número grande de repeticiones.

En el caso de una distribución binomial $B(n,p)$, si n es muy grande y p es muy pequeña, obtenemos la distribución de Poisson con $\lambda = np$.

De hecho, la aproximación Poisson-binomial es razonablemente buena si $n > 20$ y $p < 0{,}05$, y muy buena si $n > 100$ y $p < 0{,}01$.

Se emplea en circunstancias muy variadas, como, por ejemplo, para calcular el número de pacientes que llegan a una consulta de urgencias en un tiempo determinado, estimar el número de llamadas recibidas en una central telefónica en un periodo determinado o saber cuántos empleados de caja son necesarios para que no haya una cola excesiva de espera. También se la conoce como distribución del tiempo de espera.

Hay situaciones históricas que han sido analizadas a la luz de esta distribución, como es el caso de las llamadas bombas volantes (misiles balísticos) V1 y V2 que el ejército alemán lanzó sobre Londres durante la Segunda Guerra Mundial. Con objeto de planificar una posible estrategia de dispersión de potenciales objetivos clave, los ingleses necesitaban saber si el enemigo apuntaba a algún blanco específico o, por el contrario, lanzaba las bombas volantes al azar, procurando solo que cayeran en el área del Gran Londres. Encargaron el estudio del caso al británico Robert Clarke, un actuario de seguros de 31 años, quien, para llevar a cabo el análisis estadístico de esta situación, aplicó la distribución de Poisson. Para ello, sobre un mapa de la zona, dividió el área (144 km^2) donde mayoritariamente caían las bombas (el sur de Londres) en 576 casillas (cada una de 0,25 km^2), donde plasmó el número de misiles de este tipo que habían caído en cada una de ellas, lo que se reflejó en la siguiente tabla:

Nº IMPACTOS	Nº CASILLAS
0	229
1	211
2	93
3	35
4	7
5 o más	1

El siguiente paso que dio fue comparar las frecuencias mostradas en la tabla con las obtenidas mediante la distribución de Poisson. En esta distribución, el valor de

$$\lambda = 537/576 = 0{,}932291$$

Según Poisson, el número potencial de casillas en el que habría cero impactos sería

$$P(X = 0) = e^{-\lambda}\frac{\lambda^0}{0!} = e^{-0{,}932291}\frac{0{,}932291^0}{0!} = 0{,}39365$$

Como el número total de casillas es de 576, no habrá ningún impacto en 576 · 0,39365 = 226,74 casillas. Los demás cálculos se obtienen de manera similar, aplicando Poisson para $x = 1, 2, 3, 4, 5\ldots$

Nº IMPACTOS	Nº CASILLAS (POISSON)	Nº CASILLAS (REALES)
0	226,74	229
1	211,39	211
2	98,54	93
3	30,62	35
4	7,14	7
5 o más	1,57	1

Es evidente que no hay que hacer más cálculos para deducir, a simple vista, que existe una gran aproximación entre estos datos y los reales. Sin embargo, desde el punto de vista matemático este hecho se puede comprobar mediante un contraste de hipótesis, por ejemplo, utilizando χ^2.

En 1946, acabada la contienda, Clarke escribió un breve artículo (¡de una página!) en el que presentó su análisis estadístico de esta situación aplicando la distribución de Poisson[5].

Una situación muy interesante es la estudiada por el estadista y economista ruso Ladislaus J. Bortkiewicz (1868-1931). En 1898 estudió la distribución de frecuencias del número de soldados muertos por coces de caballo o mula durante 20 años (1875-1894). Los datos de que disponía se referían a 14 cuerpos del ejército prusiano (aunque ruso de nacimiento, Bortkiewicz pasó la mayor parte de su vida en Prusia). En la siguiente tabla se contienen los datos referentes a diez de los citados cuerpos de ejército.

MUERTES (x)	FRECUENCIA REAL
0	109
1	65
2	22
3	3
4	1

Bortkiewicz estaba interesado en saber si estas frecuencias correspondían a una distribución de Poisson. Si esta variable (x) sigue una distribución de Poisson, la estimación de λ sería

$$\lambda = \frac{(109)\cdot 0 + (65)\cdot 1 + (22)\cdot 2 + (3)\cdot 3 + (1)\cdot 4}{200} = \frac{122}{200} = 0{,}61$$

que corresponde al número medio de muertes anuales por cuerpo del ejército.

Si calculamos la varianza de los datos de la tabla, se verifica que también es 0,61. Esta coincidencia entre media y varianza nos augura un buen pronóstico, veamos:

$$P(X=0) = e^{-\lambda}\frac{\lambda^0}{0!} = e^{-0{,}61}\frac{0{,}61^0}{0!} = 0{,}54335$$

5. Un resumen de este se puede ver en el capítulo de problemas de Poisson incluidos en la obra de Feller (1975).

Por lo tanto, la frecuencia teórica de $X = 0$ muertes según Poisson es

$$(200) \cdot (0{,}54335) = 108{,}67$$

Realizando cálculos similares para $x = 1, 2, 3, 4$ obtenemos las siguientes frecuencias teóricas de Poisson:

FRECUENCIA TEÓRICA DE POISSON	FRECUENCIA REAL
108,67	109
66,288	65
20,218	22
4,111	3
0,712	1

Se puede observar, *grosso modo*, que los datos de las frecuencias teóricas y reales son muy próximos. Para tener seguridad, habría que realizar un contraste de hipótesis.

Los llamados experimentos de Poisson tienen unas características comunes, son las siguientes:

- La variable aleatoria X es el número de ocurrencias en el intervalo estudiado; X puede tomar los valores 0, 1, 2, 3, 4…
- Los sucesos ocurren de forma independiente; es decir, la ocurrencia de un suceso no afecta a la probabilidad de que ocurra un segundo suceso.
- Dos sucesos no pueden ocurrir exactamente en el mismo instante.
- La tasa media a la que se producen los sucesos es independiente del suceso, se acostumbra a suponer que esa tasa media es constante.

Ejemplo 1

Un conocido arquitecto ha diseñado una pasarela por la que pasan cientos de personas todos los días. Los materiales empleados en la construcción de la pasarela fueron acero, hormigón y vidrio. El vidrio que forma el suelo, debido a la humedad y las heladas se ha ido convirtiendo en una superficie muy

resbaladiza, produciendo caídas, algunas de ellas serias, a los viandantes. En los 14 años transcurridos desde su inauguración se produjeron 8.790 incidentes de este tipo. A lo largo de este periodo no hubo ningún día con más de nueve incidentes graves. Se podría considerar que eso es una incidencia muy infrecuente, pero ¿cuál es el grado de probabilidad de que esto ocurra? Para resolverlo, es necesario calcular el valor medio de las caídas diarias, esto es:

$$\lambda = \frac{8.790}{5.113} = 1{,}71$$

ya que el número de días en esos 14 años es de 5.113.

Como puede verse la probabilidad de 9 o más incidentes es muy baja, exactamente $P\ (X \geq 9) = 0{,}0001$. Quiere decir que habría que esperar unos 10.000 días (más de 27 años) para que se produzca tal suceso.

4.3. Distribución normal

Esta es, sin duda, la reina de las distribuciones continuas. Fue descubierta por el matemático francés Abraham de Moivre y publicada en 1718 en Inglaterra (De Moivre residía entonces en ese país huyendo de la persecución de los hugonotes), en un libro titulado *The Doctrine of Chances* (La doctrina de las probabilidades), cuya segunda edición, de 1733 y con 83 páginas más que la primera, introducía el concepto de distribución normal como aproximación a la distribución binomial. De Moivre, tratando de estudiar una aproximación de la distribución binomial para grandes valores de *n*, observó que su gráfica tenía idéntica forma en todos los casos: una curva suave y simétrica (su experimento había consistido en lanzar una moneda un gran número de veces y estudiar la frecuencia de la obtención de cara y cruz).

Posteriormente, Pierre-Simon Laplace (1749-1827) la incluyó en su libro *Théorie analytique des probabilités* (Teoría analítica de las probabilidades) (1812) con el objetivo de ilustrar y analizar los errores en determinados experimentos. Algunos libros también hablan de la campana de Gauss o curva de errores de Gauss, ya que el sabio alemán utilizó esta distribución para analizar datos astronómicos y el estudio de los errores asociados a estos[6].

Con el astrónomo Adolphe L. Quetelet la curva normal cobra gran importancia. Quetelet tenía un intelecto inquieto y muy original. En cierta ocasión, calculó el peso total de todos los habitantes de Bruselas. Analizando diversas tablas estadísticas se dio cuenta de que estas se comportaban de manera similar a la curva de errores de Gauss. Un ejemplo muy conocido fue el estudio de la anchura de tórax de soldados escoceses, observando que el comportamiento de sus frecuencias era muy parecido a la normal de Gauss. Quetelet daba tanta importancia a esta distribución que para él "la naturaleza ha pretendido hacer un tipo ideal, el 'hombre medio', y que se ha equivocado en ciertas medidas". Pensaba que casi todos los fenómenos podían ser representados probabilísticamente mediante la ley normal, siempre que el número de casos estudiados fuese suficientemente grande.

Uno de los grandes defensores de la normal fue Francis Galton. Su admiración era tal que escribió: "No conozco nada tan fantástico como el modelo de orden cósmico expresado en la ley de distribución de errores". Esa admiración por la curva normal también la profesó Karl Pearson, aunque se dio cuenta que en la naturaleza había medidas que no se distribuían normalmente. Cabe reseñar al epidemiólogo británico William Farr (1807-1883) quien, después de estudiar la epidemia de viruela de 1840, postuló que las epidemias tienden a crecer y caer con un patrón aproximadamente simétrico (curva de Gauss).

Parece que el nombre de campana se lo adjudicó el matemático francés Esprit Jouffret (1837-1904) quien usó la expresión *bell surface* (superficie campana) por primera vez en

6. El asunto era tratar de determinar lo más exactamente posible la posición de ciertos astros en función de las mediciones observadas de estos; aspecto complejo, pues las medidas contenían errores de dos tipos: debidos a los instrumentos astronómicos propios de la época y debidos a las mediciones aportadas por los astrónomos respecto a esas mismas observaciones.

1872. Su importancia se debe a la frecuencia con la que distintas variables asociadas a diversos fenómenos siguen, aproximadamente, esta distribución. El uso de la normal puede justificarse asumiendo que cada observación se obtiene como la suma de unas pocas causas independientes. El matemático ruso Aleksandr M. Liapunov (1857-1918) lo expresaba de la siguiente manera: "Si una magnitud aleatoria X es la suma de un número muy grande de magnitudes aleatorias mutuamente independientes, la influencia de cada una de ellas en toda la suma es prácticamente despreciable y X tiene una distribución próxima a la normal". Por ejemplo, la altura de una persona depende de muchas variables: la altura de los padres, la alimentación, el clima, la educación física y otras. Todas ellas conforman un conjunto que se comporta como una distribución normal.

La distribución de una variable normal está completamente determinada por dos parámetros: su media y su desviación estándar, denotadas generalmente por μ y σ. Con esta notación, la densidad de la normal viene dada por la siguiente ecuación:

$$f(x) = \frac{1}{\sqrt{2\pi\sigma^2}} e^{-\frac{(x-\mu)^2}{2\sigma^2}}$$

La curva normal tiene forma de campana y es simétrica respecto a su media. Las tres medidas de centralización (media, mediana y moda) coinciden.

4.3.1. Características relevantes de la campana de Gauss

- Es simétrica respecto de su media, μ.
- La moda y la mediana son ambas iguales a la media, μ.
- La curva normal es asintótica al eje de abscisas.
- El área total bajo la curva es igual a 1 (por ser una distribución de probabilidad).
- Los puntos de inflexión de la curva se dan para $x = \mu - \sigma$ y $x = \mu + \sigma$.
- En el intervalo $[\mu - \sigma, \mu + \sigma]$ se encuentra comprendida, aproximadamente, el 68,26% de la distribución.

- En el intervalo $[\mu - 2\sigma, \mu + 2\sigma]$ se encuentra, aproximadamente, el 95,44% de la distribución.

Por su parte, en el intervalo $[\mu - 3\sigma, \mu + 3\sigma]$ se encuentra comprendida, aproximadamente, el 99,74% de la distribución (el hecho de que prácticamente la totalidad de la distribución se encuentre a tres desviaciones típicas de la media justifica los límites de las tablas empleadas habitualmente en la normal estándar).

Gráfico 4.3

La curva normal

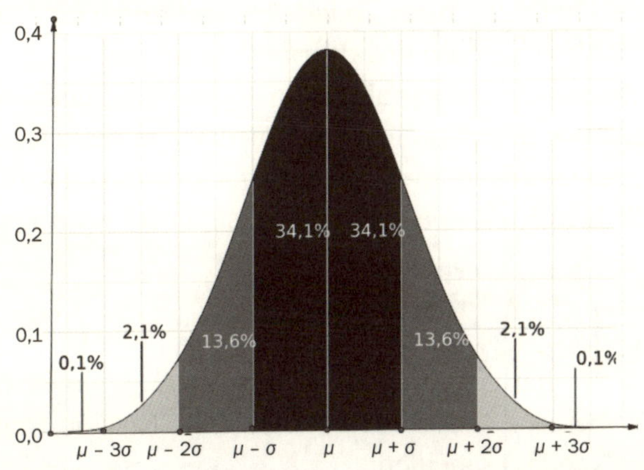

Fuente: Elaboración propia.

Hay muchas variables asociadas a fenómenos naturales que siguen este modelo: caracteres morfológicos, sociológicos, psicológicos...

Además, muchas otras distribuciones pueden aproximarse mediante la distribución normal. Hay que señalar, además, la simplicidad de sus propiedades y características. Como resumen, podemos decir que esta distribución aparece en cualquier variable que se obtenga como suma de muchos factores.

4.3.2. Tipificación de la normal

El manejo de la distribución normal no es difícil, pero su complejidad puede reducirse aún más mediante un proceso de tipificación, que consiste en la transformación o cambio de una variable X correspondiente a una distribución normal $N(\mu,\sigma)$ a otra variable Z que sigua una distribución normal estándar o distribución normal tipificada $N(0,1)$.

Para realizar este proceso de tipificación, llamado también estandarización o normalización, desplazamos horizontalmente la curva normal $N(\mu,\sigma)$ hasta situarla en el centro de coordenadas (0,0) para posteriormente realizar bien una contracción o una dilatación hasta hacer que la desviación típica sea $\sigma = 1$. Esto se produce con el cambio de variable:

$$Z = \frac{X - \mu}{\sigma}$$

Gráfico 4.4

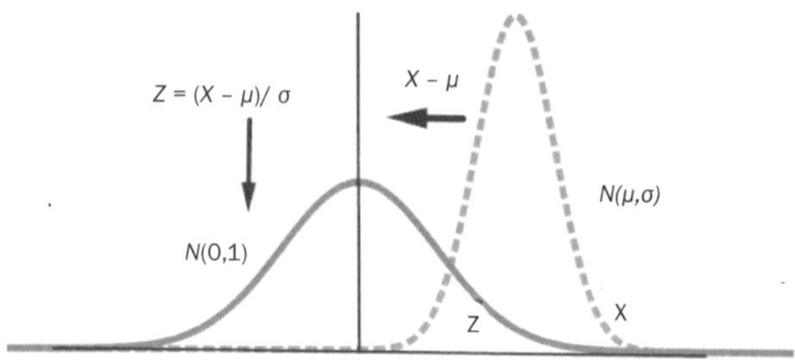

Fuente: Elaboración propia.

4.4. Distribución *t*-Student

La distribución t de Student (llamada también t o T) con la χ^2, la F de Snedecor y la normal las distribuciones más importantes para estudios inferenciales. La importancia de la distribución t radica en su capacidad para abordar muestras pequeñas (menores de 30), donde la varianza poblacional es desconocida.

En tales casos, la distribución *t* proporciona una herramienta valiosa para realizar inferencias estadísticas con mayor precisión que la distribución normal estándar. Se suele utilizar para el contraste de una media muestral con la poblacional y para la comparación de dos medias.

Como ya presentamos en el capítulo 1, fue estudiada por primera vez por William S. Gosset en 1908, que la dio a conocer bajo el pseudónimo de Student mientras trabajaba para la cervecería Guinnes en Irlanda. Cuando la publicó, apenas tuvo eco en los ambientes científicos, ya que el hecho de obtener conclusiones a partir de pequeñas muestras estaba en contra de la opinión dominante en la época, en la que prevalecía el criterio de que "si la muestra es suficientemente grande, los cálculos de media y varianza de esta servirían para estimar los de la población, mientras que si la muestra era pequeña la estadística no se debía utilizar". Sin embargo, Ronald Fisher se interesó por los trabajos de Gosset y en un artículo posterior mejoró y corrigió los estudios del "cervecero". Pero hubo que esperar hasta 1925 para que el mismo Fisher incluyera el contraste *t*-Student en su famoso libro *Statistical Methods for Research Workers* (*Métodos estadísticos para investigadores*).

Su gráfica se parece bastante a una distribución normal estándar. Al igual que ella, está centrada en el cero, y tiene una forma acampanada y simétrica, si bien la *t* de Student presenta unas colas más "pesadas" que la curva de Gauss. Como sabemos, la normal se define por su media y su varianza, mientras que la distribución *t* de Student incorpora, además, sus grados de libertad. Cuando el tamaño de la muestra es grande, las dos distribuciones (la normal y la *t* de Student) son prácticamente iguales (la razón es que las colas de la *t* de Student son más ligeras a medida que aumentan los grados de libertad). Desde el punto de vista práctico la *t* de Student con 30 o más grados de libertad se puede considerar como una distribución normal.

En resumen:

- La distribución *t* abarca valores desde menos infinito hasta más infinito (rango ilimitado).
- Al igual que la distribución normal, la distribución *t* tiene forma de campana y simetría alrededor de su media y su media es cero.
- La forma de la distribución *t* varía en función de la cantidad de grados de libertad involucrados en el cálculo (es sensible a los grados de libertad).
- La varianza de la distribución *t* siempre es mayor que 1 y se suele aplicar exclusivamente cuando hay 3 o más grados de libertad. Esto significa que la distribución *t* presenta una dispersión mayor que la distribución normal estándar.

Gráfico 4.5

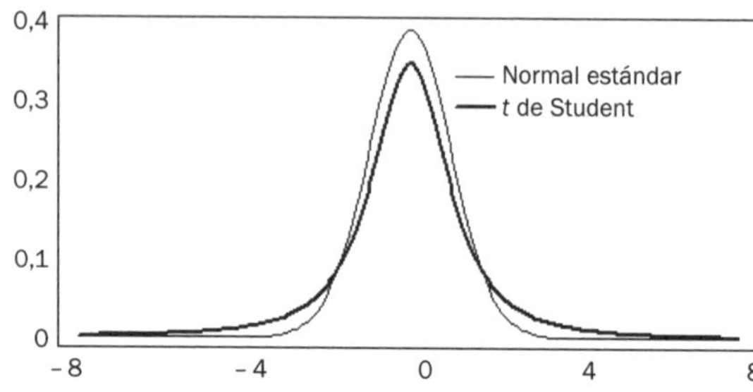

Fuente: Wikipedia.

Gosset obtuvo la distribución *t*-Student con *n* grados de libertad, de una variable aleatoria t_n, definida del siguiente modo:

$$t_n = \frac{T}{\sqrt{\frac{X}{n}}}$$

Esto es el cociente de dos variables aleatorias independientes, una de ellas (T) sigue la distribución normal estándar y la otra la raíz cuadrada de una variable χ^2 dividida por sus grados de libertad.

La importancia de esta distribución radica en el hecho de que al estudiar muestras de una población, si $\overline{X}$ y s son la media y la desviación típica de una muestra de tamaño n, extraída de una población normal de parámetros: μ (media) y σ (desviación típica), entonces, se verifica:

$$\frac{X-\mu}{s/\sqrt{n}} \sim t_{n-1}$$

Recordemos que

$$\frac{X-\mu}{\sigma/\sqrt{n}} \sim N(0,1)$$

Lo que nos indica que, a pesar de no conocer la varianza de la población (cosa que sucede frecuentemente), la primera de las relaciones nos permite realizar los cálculos en la *t*-Student[7].

Actividad 1. En una muestra aleatoria de cinco estudiantes de un instituto se obtiene un peso medio de 65 kg y una desviación típica muestral de 11,6 kg. ¿Qué evidencia proporcionan estos datos para afirmar que el peso medio del instituto es menor de 64 kg?

Actividad 2. En una encuesta a 1.000 personas, 722 dijeron que votaron en unas recientes elecciones. Sin embargo, los registros electorales mostraron que, en realidad, votaron el 62% de los votantes elegibles. Encuentra la probabilidad de que en una muestra al azar de 1.000 personas voten al menos 722.

Actividad 3. Una empresa de componentes informáticos recibe grandes envíos de componentes; prueba aleatoriamente 50 de ellos y acepta el lote completo si solo hay uno o ningún componente que no cumpla con las especificaciones requeridas. Si el envío de 8.000 componentes tiene una tasa del 3% de defectos, ¿cuál es la probabilidad de que todo el envío sea aceptado?

7. Para profundizar en los temas tratados en este capítulo, recomendamos el libro de Triola (2018).

Capítulo 5

El problema del muestreo y la correlación

"En cuestiones de ciencia, la autoridad de miles no vale más que el humilde razonamiento de un único individuo".

GALILEO GALILEI (1564-1642)

5.1. El muestreo y... algo más

En diversas ocasiones leemos noticias como la siguiente: "El número de propietarios de vivienda menores de 35 años corresponde a un 36,1% de la población de una ciudad".

Naturalmente, para establecer esas cifras no se ha entrevistado a todas las familias ni a todas las personas menores de 35 años, sino, únicamente, a una muestra bien elegida para, posteriormente, realizar una inferencia a toda la población. Ahora bien, también cabe preguntarse cómo cambiarían los resultados anteriores si hubiésemos seleccionado una muestra diferente y cómo elegir esa muestra para que sea verdaderamente representativa. De todo esto hablaremos en este capítulo.

Obtener conclusiones válidas de la población estudiada a partir de una muestra es uno de los fines de la estadística. Se denomina muestreo al proceso mediante el cual generamos las muestras, es decir, mediante el que se realiza la selección de individuos. Recordemos que una muestra es una parte (un subconjunto) de la población. Pero no todas las muestras son adecuadas o representativas. El objetivo de todo agente estadístico debe ser configurar una muestra lo más representativa posible del universo o población a la que pertenece.

Empero, a pesar de obrar con todo esmero de cara a elegir la muestra, es poco probable que esta coincida exactamente con las características de la población, lo que significa que los parámetros más importantes generados por la muestra (media, mediana, varianza y demás) diferirán *a priori* de los de la población. Pues bien, nuestro objetivo es tratar de minimizar la diferencia entre los parámetros de la muestra y los de la población. Conseguir una muestra de tales características da lugar a un concepto clave en estadística: la representatividad.

Si la muestra escogida distase mucho de ser representativa, ocasionaría que las conclusiones que se derivan de ella pudiesen ser erróneas. Las muestras representativas tienen, habitualmente, un muy alto nivel de confianza[8] (generalmente, del 95% o superior) con respecto a la representación de los sujetos objeto de estudio.

El nivel de confianza (1– α) se refiere a la probabilidad de que el dato deseado esté dentro del margen que hemos establecido. Este parámetro suele ser del 95% (α = 0,05) al que le corresponde un coeficiente de confianza Z = 1,96 (correspondiente a la distribución normal). En la siguiente tabla y el gráfico que la acompaña se puede observar la relación entre el nivel de confianza y su valor tipificado.

NIVEL DE CONFIANZA	Z
95%	1,960
99%	2,576
99,5%	2,807
99,9%	3,291

8. El nivel de confianza es la probabilidad de que el parámetro a estimar se encuentre en el intervalo de confianza.

Gráfico 5.1

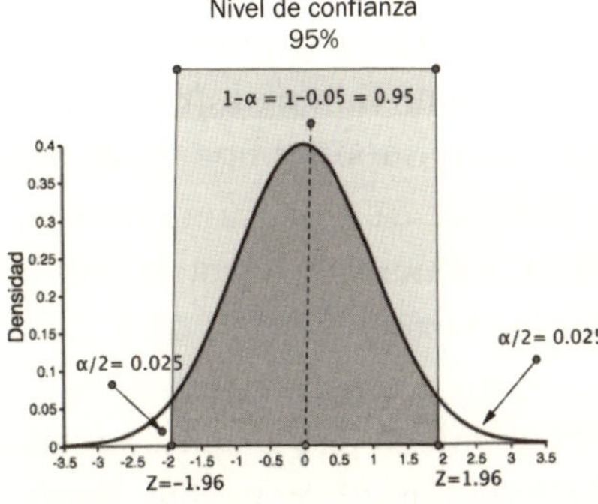

Fuente: Elaboración propia.

La teoría del muestreo es relativamente reciente. El primer trabajo con fundamento en este campo fue publicado en 1934 por el polaco Jerzy Neyman (1894-1981). Su aportación se centraba en el muestreo de poblaciones finitas y fue publicada en la Royal Statistical Society bajo el título "One of the two different aspects of the representative method: the method of stratified sampling and the method of purposive selection" (Uno de los dos aspectos diferentes del método representativo: el método de muestreo estratificado y el método de selección intencional). Neyman introdujo el concepto de intervalo de confianza en 1937 y un resultado sobre el testeo de hipótesis conocido como el lema de Neyman-Pearson. La mejora en las técnicas de muestreo, la gestión de grandes bases de datos (*big data*), la cada vez mayor potencia de cálculo de los ordenadores y el uso de algoritmos más eficientes hacen que esta teoría sea más eficaz y precisa.

5.2. Elección de muestras

Obtener una muestra representativa no es tarea sencilla. Para hacerlo, tenemos que plantearnos algunas cuestiones:

a) ¿Cuál va a ser su tamaño? Calcular el tamaño de la muestra (o tamaño muestral) es fundamental. Si bien una muestra grande nos acerca mucho a la población estudiada, su uso requiere una gran cantidad de recursos, pero si es muy pequeña puede suponer una merma en la calidad de las conclusiones.
b) ¿Qué representatividad[9] deseamos que tenga?
c) ¿Cómo vamos a obtener la muestra?

Existen dos técnicas principales de muestreo: las que están basadas en la probabilidad y las que no lo están. De manera muy esquemática, cada una de las técnicas de muestreo se subdivide en varios tipos:

- Muestreo no probabilístico: muestreo por conveniencia, muestreo deliberado (crítico o por juicio) y muestreo por cuotas.
- Muestreo probabilístico: muestreo aleatorio, muestreo sistemático, muestreo estratificado y muestreo por conglomerados[10].En el muestreo aleatorio cada miembro de la población tiene las mismas posibilidades de ser elegido. En el sistemático se selecciona de forma aleatoria un primer individuo de la población y luego se define un intervalo para escoger a los siguientes. En el muestreo estratificado el objetivo de la población se separa en segmentos homogéneos (estratos), para posteriormente seleccionar una muestra aleatoria simple de cada estrato respetando el porcentaje de elementos del mismo respecto al total. En el muestreo por conglomerados, la población total se divide en grupos (conocidos como conglomerados) con características parecidas entre ellos y luego se escogen al azar (mediante una muestra

9. La representatividad estadística se refiere a la capacidad de una muestra para reflejar las características de una población más amplia.
10. Para quienes tengan interés en profundizar en los tipos de muestreo, sugerimos el libro de Pérez López (2010).

aleatoria simple) algunos de los grupos, eligiendo de ellos todos los elementos, cada uno de los elementos del grupo.

5.3. De la muestra a la población

Antes de avanzar en este capítulo, y con objeto de acercarnos a algunas problemáticas propias del muestreo, proponemos al lector o lectora resolver la siguiente situación.

Imagina que tienes una bolsa llena de bolas de igual tamaño, pero no puedes contarlas una por una, ¿cómo podrías averiguar el número estimado de bolas que hay en la bolsa?

La situación es similar a contar el número de peces que hay en un estanque cerrado o las llamadas situaciones de captura-recaptura, una técnica muy empleada en biología. Consiste en lo siguiente:

1. Tomar al azar un número cualquiera de bolas y pintarlas de un color (en nuestro caso, rojo). En el caso que nos ocupa hemos tomado 10 bolas.
2. Introducimos las 10 bolas pintadas en la bolsa con las demás y las removemos todas hasta que estén bien mezcladas entre sí.
3. Volvemos a sacar al azar un número de bolas de la bolsa (no necesariamente un número de bolas igual al de la primera extracción). Es posible que dentro de este grupo haya salido alguna bola pintada de rojo; si no, volvemos a introducir en la bolsa las bolas sacadas y realizamos una nueva extracción de bolas. Supongamos que en esta segunda extracción hemos sacado ocho bolas, de las cuales una es roja.
4. Por último, se efectúa una simple regla de tres, o proporción, directa razonando del siguiente modo: si en la bolsa hay N bolas y se han marcado 10, la proporción de bolas marcadas será $10/N$. Y parece razonable (luego

veremos cómo mejorarlo) pensar que en la segunda extracción la proporción de bolas marcadas debería ser aproximadamente la misma, esto es, 1/8. Por tanto, se ha de verificar que $10/N = 1/8$; luego, $N = 80$ bolas, aproximadamente.

Este método se conoce en la literatura sobre estadística como ecuación de Lincoln-Petersen.

¿Estamos conformes con este resultado? Lo cierto es que no. El número obtenido depende mucho de la segunda extracción y quizás también del número de bolas pintadas en la primera muestra. ¿Qué podemos hacer para mejorar nuestra estimación? Lo más sencillo es hacer nuevas extracciones y obtener la media aritmética de los datos obtenidos.

En la siguiente tabla se presentan cinco extracciones y su correspondiente *N*.

EXTRACCIONES	BOLAS MARCADAS ROJAS	BOLAS OBTENIDAS EN LA EXTRACCIÓN	CONDICIÓN	N
2ª	1	8	$\frac{10}{N}=\frac{1}{8}$	80
3ª	2	18	$\frac{10}{N}=\frac{2}{18}$	90
4ª	1	7	$\frac{10}{N}=\frac{1}{6}$	70
5ª	2	16	$\frac{10}{N}=\frac{2}{16}$	80
6ª	2	14	$\frac{10}{N}=\frac{2}{14}$	70

Por tanto, una estimación mejor del número de bolas que contiene la bolsa es el valor de la media de los datos obtenidos, esto es

$$N = \frac{80+90+70+80+70}{5} = 78 \text{ bolas}$$

Según este sencillo procedimiento, el número de bolas será cercano a 78. ¿Qué error estamos cometiendo? ¿Se puede mejorar aún? Desde luego la teoría matemática puede dar respuestas razonables a estas cuestiones. Para ello debería realizarse un número importante de extracciones y obrar en consecuencia.

Hay que señalar que actualmente hay sistemas muy sofisticados (no estadísticos), como en el caso de los peces pequeños (alevines). El sistema consta de una bomba de transporte de alevines que aspira agua junto con los peces que están en el entorno y que son impulsados hacia una cámara de escaneo y visión computarizada donde sus siluetas son grabadas y después contadas una a una.

Profundizando un poco más en el tema, los estadísticos Schnabel y Darroch estudiaron este modelo con intención de mejorarlo. Sin embargo, su método es válido cuando el tamaño de la población es muy grande (N >> 1).

La idea básica es hacer una captura de individuos y marcarlos. En las sucesivas recapturas, observaremos el número de individuos que ya fueron marcados y marcaremos también a los miembros de esa muestra que no estén marcados, para posteriormente razonar con los resultados obtenidos en las sucesivas racapturas.

Para finalizar con este interesante problema, recomendamos el libro de Feller (1975). En él se aborda esta situación acudiendo a la distribución hipergeométrica, que tiene una serie de características que la hacen ideal para estudiar el problema de la captura-recaptura. Veamos lo esencial de esta distribución.

En una población de N elementos (por ejemplo, bolas), k son rojas y las demás, $N - k$, negras. De la población se eligen aleatoriamente n bolas. Entonces se verifica que la probabilidad de elegir x bolas rojas (sin reemplazo) de un grupo de n bolas responde a la fórmula

$$P(X = x) = \frac{\binom{k}{x}\binom{N-k}{n-x}}{\binom{N}{n}}$$

Es claro que la situación requiere de técnicas relacionadas con la combinatoria y con el cálculo de probabilidades. De acuerdo con esta distribución, podemos razonar sobre la fórmula anterior para deducir el número total de bolas (N) de nuestro ejemplo. Retomándolo, $k = 10$ (bolas rojas en el conjunto total, N), $n = 8$ y $x = 1$ (bola roja). La probabilidad de que pase este suceso será

$$P(X = 1) = \frac{\binom{10}{1}\binom{N-10}{7}}{\binom{N}{8}}$$

En la expresión anterior no conocemos N; por tanto, iremos probando con distintos valores de N analizando la probabilidad en cada caso. Nos interesa naturalmente que la probabilidad sea lo más grande posible. Cuando esto suceda, tendremos un valor probable de N.

Por ejemplo, si consideramos $N = 20$ bolas, la probabilidad es igual a

$$P(X = 1) = \frac{\binom{10}{1}\binom{10}{7}}{\binom{20}{8}} = 0{,}009526$$

que es una probabilidad muy pequeña.

En cambio, si el número de bolas fuese $N = 40$, la probabilidad será igual a 0,26471, que es mayor que la probabilidad anterior. Analicemos para $N = 60$, la probabilidad es 0,3903, aún mayor que las anteriores. Para $N = 70$, es 0,4091. Se observa que la probabilidad va aumentando a medida que aumenta el valor de N. Para $N = 80$, es 0,41 y para $N = 90$, es 0,409. Así, la probabilidad ha ido descendiendo de manera gradual en los dos últimos casos. Estudiando los resultados de las probabilidades anteriores vemos que el número de bolas es probable que sea cercano a 80 bolas. Por tanto, la estimación que hicimos con el método simple de Lincon-Petersen nos daba una aproximación razonable de N.

Veamos ahora otra situación distinta y que *a priori* parece imposible de resolver. En esta ocasión tenemos una sola muestra, y a partir de ella tratamos de inferir de cuántos elementos consta, aproximadamente, toda la población. Hay que subrayar que es un caso particular de población, pues sus individuos están numerados correlativamente.

Ejemplo 1

A una carrera popular se apunta un cierto número de personas. En una de las fotografías se puede observar a algunos participantes cuyos dorsales son: 14, 22, 34, 46, 56 y 60. Con estos seis datos numéricos, ¿podemos estimar el número total aproximado de participantes?

Parece claro que el número de participantes está por encima de 60. Pero ¿qué más podemos suponer? Pensemos por un momento en una población de únicamente 8 participantes (1, 2, 3, 4, 5, 6, 7 y 8) en la cual el conocimiento de la media da la clave para conocer el número total de participantes. En efecto, en nuestro caso, la media es 4,5 y podemos comprobar que el doble de la media menos uno coincide con el número de participantes, es decir, 2(4,5) - 1 = 8.

En una serie correlativa desde 1 a N (1, 2, 3,..., N) es sencillo comprobar que también se verifica que $2(\bar{x}) - 1 = N$, siendo $\bar{x}$ la media aritmética de dicha población.

Retomando nuestro problema, una aproximación razonable es suponer que la media de la muestra es muy cercana a la media de la población y razonar en consecuencia.

La media de la muestra es 38,66. Entonces, nuestro valor de la población será 2(38,66) - 1 = 76,32. Luego, el número de participantes estará cercano a 76 personas; esta será nuestra estimación que, como puede observarse, se presta a tener graves deficiencias si la muestra no es representativa. Por ejemplo, una muestra como 1,2,3,5,7,32 nos daría un valor para la población de 15,66, es decir, 16, que claramente subvierte la realidad, porque el dorsal 32 evidencia que los participantes han de ser, al menos, 32. Proponemos al lector que investigue este interesante problema.

Situaciones de esta índole se estudiaron concienzudamente durante la Segunda Guerra Mundial cuando los aliados querían saber el número de carros de combate que producía Alemania en un periodo determinado de tiempo (el mes de junio de 1941). El espionaje aliado aseguraba que eran algo más de 1.500; sin embargo, especialistas en estadística obtuvieron otras cifras al analizar los números de serie de los carros capturados, según sus cálculos se habían fabricado 244 unidades; los estudios militares posteriores indicaron que en realidad habían sido 271 carros.

5.4. Tamaño de la muestra

El asunto de elegir una muestra representativa es de vital importancia. Muchas personas piensan que si la población a estudiar es muy grande, la muestra también debería ser también muy grande; o sea, que a más población, más muestra; o bien que con porcentajes pequeños de la población no se pueden obtener conclusiones razonables de toda la población. Sin embargo, empleando la teoría del muestreo, podemos calcular el tamaño de la muestra en relación con el tamaño poblacional.

Tamaño población	100	500	1.000	10.000	30.000	50.000	100.000	500.000	1.000.000
Tamaño de la muestra, con error del 10%	50	81	88	96	96	96	96	97	97
Tamaño de la muestra, con error del 5%	81	218	278	370	380	382	383	384	384

En una primera lectura observamos que para poblaciones pequeñas el tamaño de la muestra es relativamente grande, mientras que para poblaciones de gran tamaño es suficiente con una muestra relativamente pequeña en relación con la población. Por tanto, no es cierto que sea necesario estudiar a muchos individuos para que los resultados sean extrapolables a toda la población.

Parece increíble que para obtener conclusiones de una población de 500.000 individuos basta estudiar únicamente una muestra de 384 individuos (con un error del 5%), y que el mismo número de individuos sirva como muestra para un millón de individuos ¿Tiene sentido que a pesar de aumentar mucho la población la muestra mantenga una cantidad sismilar de individuos? ¿Es magia?

Pensemos en los siguientes casos: se necesita una única gota de sangre para saber nuestro RH, sin que sea necesario que se extraiga medio litro. Para comprobar si un licor es bueno, no es necesario beber la mitad de una botella, con un sorbo nos bastará. Para saber si un cocido de garbanzos es gustoso, con una o dos cucharadas será suficiente, no es necesario comerse la cazuela entera, el recipiente puede ser grande o pequeño, pero nuestra muestra será de un tamaño similar (una o dos cucharadas).

En los libros especializados pueden encontrarse una serie de fórmulas para calcular el tamaño de la muestra en relación con el tamaño de la población. La que proponemos a continuación es una de las más conocidas. Llamando N al tamaño de la población, el tamaño de muestra (n) que necesitamos con un nivel de confianza ($1 - \alpha$) y un error e se puede calcular con la siguiente fórmula:

$$n = \frac{N \cdot Z_{\frac{\alpha}{2}}^{2} \cdot p(1-p)}{e^{2} \cdot (N-1) + Z_{\frac{\alpha}{2}}^{2} \cdot p(1-p)}$$

$Z_{\alpha/2}$ es un valor de la distribución normal que se obtiene de la tabla de distribución normal y p la proporción de individuos de la población que poseen la característica que se está estudiando. Como ese dato es desconocido, se suele usar $p = 0,5$, valor que maximiza el producto $p(1-p)$.

Ejemplo 2

Considérese una población de N = 100 individuos, a un nivel de confianza del 95% (por tanto, $\alpha = 0,05$ y un error e = 0,05 del 5%), $Z_{0,025} = 1,96$, el tamaño de muestra necesario en este caso será

$$n = \frac{100 \cdot 1,96^{2} \cdot 0,5 \cdot 0,5}{0,0025 \cdot 99 + 1,96^{2} \cdot 0,5 \cdot 0,5} \approx 79,5$$

Gráfico 5.2

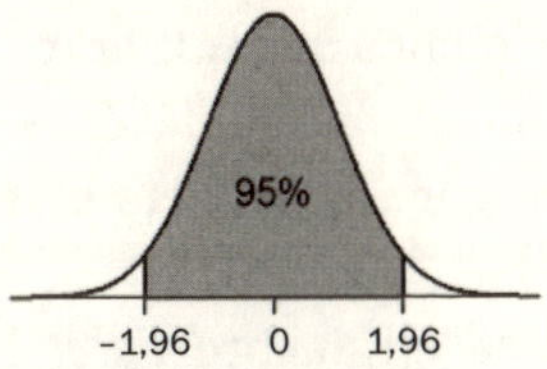

Fuente: Elaboración propia.

Es decir, con una población de 100 personas deberíamos tomar una muestra de 80 individuos, casi la población entera. Los cálculos para otras poblaciones, como se puede comprobar, nos dan los resultados de la tabla anterior.

Ahora bien, ¿qué pasaría si en vez de estudiar una sola muestra estudiamos varias?, ¿ofrece ventajas el conocimiento de más muestras?

5.5. La distribución muestral y el teorema del límite central

Si partimos de una muestra aleatoria simple ¿es posible estimar con una cierta precisión la media de toda la población?

Para afrontar esta cuestión y otras similares, conviene recordar lo que entendemos por distribución muestral de la media muestral, que es la distribución de todas las medias muestrales posibles del mismo tamaño y relativas a la misma población.

Este concepto tiene gran importancia, ya que de él se desprenden muchas ideas y como veremos dará lugar a uno de los resultados más importantes en estadística: el teorema del límite central (TLC).

El TLC nos brinda uno de los resultados más sorprendentes, no solo en estadística, sino en las matemáticas en general.

La historia del TLC en su primera versión comienza con De Moivre, en su libro *The Doctrine of Chances* (La doctrina de las probabilidades). En él se estudia, bajo ciertas condiciones, la aproximación binomial a través de la distribución normal. Anteriormente, Jakob Bernoulli, en su obra *Ars Conjectandi*, propuso, y demostró, lo que actualmente se considera el primer teorema en relación con el tema, hoy conocido como ley débil de los grandes números, que es ni más ni menos que una aproximación de la binomial por la normal bajo ciertas condiciones. Su trabajo es interesante, ya que aparece por vez primera una distribución desconocida: la normal.

Años más tarde, Pierre-Simon Laplace, en su libro *Théorie analytique des probabilités* ya mencionado, muestra que, bajo ciertas condiciones, cualquier suma de un número considerable de variables aleatorias, mutuamente independientes e idénticamente distribuidas, se puede aproximar por una distribución normal. Pocos años después (1824), Denis Poisson generalizó la demostración de Laplace y grandes matemáticos, como los alemanes Johann Dirichlet (1805-1859) y Friedrich Bessel (1784-1846) y el francés Louis Cauchy (1789-1857), intentaron demostrar ese resultado de manera rigurosa, aunque sin conseguirlo. Hubo que esperar hasta principios de siglo XX para que los matemáticos rusos Pafnuti Chebyshev (1821-1894), Andréi Márkov (1856-1922) y Aleksandr Lyapunov (1857-1918) realizaran una demostración validada por la comunidad científica. Para finalizar, en 1922, el matemático finlandés Jarl Waldemar Lindeberg (1876-1932) estableció una mejora sustancial del TLC. Cabe citar que el nombre del teorema se debe al matemático húngaro George Pólya (1887-1985), que en un documento científico (1920) habla de la importancia central de este resultado.

Un apunte interesante de la importancia del teorema es que la mayor parte de los científicos de finales del siglo XIX y principios del XX pensaban que todas las poblaciones suficientemente grandes eran "normales". Recordemos la frase del científico francés Henri Poincaré (1854-1912): "Todo el mundo cree en él, los empíricos consideran que es un teorema matemático y los matemáticos piensan que es un hecho empírico".

Con el siguiente ejemplo intentaremos acercarnos al TLC.

Ejemplo 3

Tenemos un conjunto formado por cuatro números, {0,2,4 y 6}. Vamos a obtener todas las muestras de tamaño 2 (con reposición) y, posteriormente, la media en cada una de las muestras. Con todas las medias obtenidas, estudiaremos la distribución muestral de la media muestral, en este caso, de tamaño 2.

En la población original de los cuatro números $\mu = 3$ y $\sigma = 2{,}236$.

Es claro que el número total de muestras de tamaño 2 con reposición es igual a 16.

ESTUDIO DE TODAS LAS MUESTRAS PARA $n = 2$

Muestras	Media	Muestras	Media	Muestras	Media
0,0	0	0,2	1	0,4	2
0,6	3	2,0	1	2,2	2
2,4	3	2,6	4	4,0	2
4,2	3	4,4	4	4,6	5
6,0	3	6,2	4	6,4	5
6,6	6				

La media y la desviación típica del conjunto de las 16 muestras de tamaño 2 son, respectivamente, $\bar{x} = 3$ y $s = 1{,}581$.

Clasificando y agrupando las medias obtenidas, obtenemos la siguiente tabla.

Media	0	1	2	3	4	5	6
Frecuencia relativa	1/16	2/16	3/16	4/16	3/16	2/16	1/16

Para $n = 2$, el histograma de la distribución muestral de las medias muestrales es el que muestra el gráfico 5.3.

Gráfico 5.3

Histograma de la distribución muestral de lmedias muestrales para $n = 2$

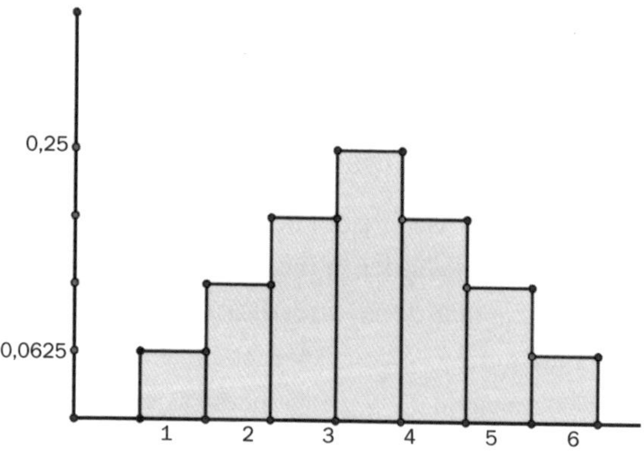

Fuente: Elaboración propia.

Podemos observar que esta distribución representa ciertas características de una distribución normal: tiene forma de montículo y además es simétrica respecto a la media (igual a 3). Si en vez de considerar muestras con dos elementos hubiésemos tomado muestras con cuatro elementos ($n = 4$), el histograma correspondiente sería muy parecido, algo más apuntado, también simétrico y con la misma media. Se puede comprobar fácilmente que a medida que va creciendo el número de elementos que componen la muestra la distribución se va pareciendo cada vez más y más a una distribución normal.

Gráfico 5.4

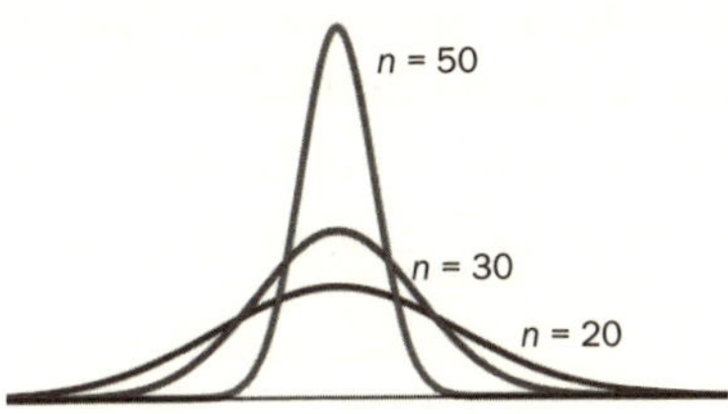

Fuente: Elaboración propia.

En nuestro ejemplo partíamos de una población uniforme, pero si hubiéramos realizado la misma experiencia con otro tipo de distribuciones, se verificaría en todos los casos el mismo resultado: aproximación a la distribución normal, lo cual es un resultado ciertamente sorprendente e inesperado.

De manera informal, diremos que la distribución de las medias muestrales se vuelve normal a medida que aumenta el tamaño de la muestra y, además, que existe una relación entre las medias y la desviación estándar de la población y las correspondientes a la muestral, que depende del tamaño de la muestra.

Ya estamos en condiciones de enunciar una versión simplificada del TLC.

5.5.1. Teorema del límite central

Dada una población con media μ y desviación estándar σ, si estudiamos todas las posibles muestras del mismo tamaño n, para valores de $n \geq 30$, se verifica que la distribución muestral de todas las medias muestrales:

a) Es aproximadamente una distribución normal.
b) Tiene una media $x = \mu$.
c) Tiene una desviación estándar $s_x = {}^{\sigma}/_{\sqrt{n}}$.

A la desviación estándar $\sigma_{\bar{x}}$ se la denomina error estándar de la media muestral.

Una conclusión importante es que, a medida que el tamaño de la muestra aumenta, el valor de la desviación estándar disminuye, y por tanto la distribución muestral se hace más estrecha y apuntada, y además que la media de la distribución muestral es igual (o casi igual) a la media de la población, mientras que su dispersión es menor a la de la población general.

Gráfico 5.5

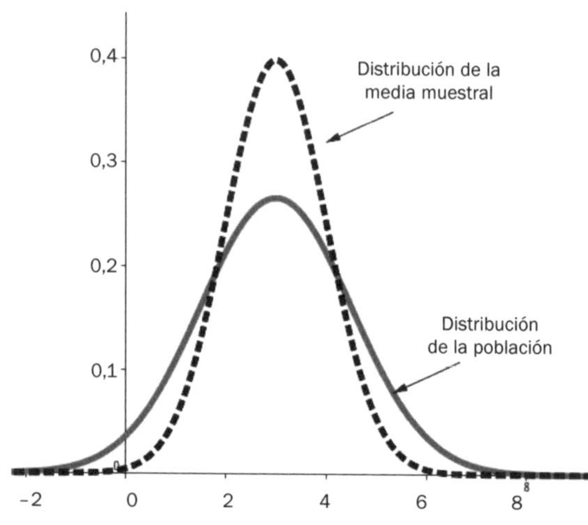

Fuente: Elaboración propia.

Conociendo los parámetros de la población mediante el TLC se pueden obtener conclusiones probabilísticas muy interesantes acerca de muestras de la población. Veamos el siguiente ejemplo.

Ejemplo 4

La altura media de una población es de 172 cm con desviación estándar de 14 cm. Extraemos una muestra de 49 individuos de esa población ¿Cuál es la probabilidad de que en esa muestra resulte una media igual o inferior a 169 cm?

Como el número de individuos que componen la muestra es mayor de 30, podemos calcular los parámetros importantes (estadísticos) de la distribución muestral para $n = 49$; de acuerdo con el TLC, su error estándar (desviación típica de la muestra) y la media serán

$$s_x = {}^{\sigma}/_{\sqrt{n}} = {}^{14}/_{\sqrt{49}} = 2$$

mientras que media es la misma, esto es $\bar{x} = \mu = 172$. Al comportarse como una distribución normal, calculamos la puntuación tipificada de 169 y resulta que

$$Z = \frac{169 - 172}{2} = -1{,}50$$

Por tanto, la probabilidad de que la media de la muestra sea menor a igual a 169 es igual al 6,68%. Luego es poco probable que la muestra nos dé esa media.

5.5.2. Respecto a los niveles de confianza y riesgo

Los niveles de confianza y riesgo son aspectos importantes en la estadística inferencial. Pero ¿qué estamos expresando con esos términos? Trataremos de explicarlo con un símil. Supongamos que tenemos una bolsa con 100 bolas, en la que hay 1 bola negra y 99 blancas; prácticamente todo el mundo apostaría a que si sacamos al azar una bola de la bolsa, esta será blanca; sin embargo, ¿estamos totalmente seguros de que va a ser blanca? Desde luego que no. Lo podemos afirmar con una seguridad del 99%, o bien diremos que tenemos un cierto riesgo de equivocarnos a la larga (después de muchos intentos en condiciones similares) y nuestro riesgo será del 1% de las veces.

Cuando expresamos este tipo de juicios, decimos que tenemos un coeficiente de riesgo del 1%, o bien un nivel de confianza del 99% (algunos autores no participan de este criterio, sino que también denominan al coeficiente de riesgo como nivel de confianza). Si en la bolsa hubiera 95 blancas y el resto negras, hablaríamos de un nivel de confianza del 95% de sacar al azar una bola blanca.

Pues bien, si consideramos una distribución muestral de las medias, según el TLC, será normal y el 95% de las medias de las muestras se encontrarán en el intervalo $(\bar{x} - 1{,}96 \cdot s_{\bar{x}}, \bar{x} + 1{,}96 \cdot s_{\bar{x}})$. O bien afirmamos que, a un nivel de confianza del 95%, la media de una muestra elegida al azar de la distribución muestral normal no se apartará de la media de dicha distribución en más de $1{,}96 \cdot s_{\bar{x}}$.

Con estos resultados, se pueden inferir algunos parámetros de la población, naturalmente con un cierto nivel de confianza. La siguiente situación es suficientemente aclaratoria.

Ejemplo 5

A un grupo muy grande de personas se les ha propuesto un test psicotécnico de 150 preguntas. Dentro del grupo se ha elegido una muestra de 170 personas; en esa muestra, la media es 76, y la desviación típica es 10. A partir de estos datos, se quiere inferir la media de toda la población.

Al no conocerse la media de la población, pero sí de la muestra, podemos expresar, de acuerdo con el TLC, que

$$s_{\bar{x}} = {}^{\sigma}\!/_{\sqrt{n}}$$

Algunos autores aproximan por una fórmula similar:

$$s_{\bar{x}} = {}^{\sigma}\!/_{\sqrt{n-1}}$$

Por tanto,

$$s_{\bar{x}} = {}^{10}\!/_{\sqrt{170-1}} = 0{,}77$$

Este dato nos dice que la media de la población, a un nivel de confianza del 95%, estará dentro del intervalo

$$(76 - 1{,}96 \cdot s_{\bar{x}}, 76 + 1{,}96 \cdot s_{\bar{x}}) = (74{,}5 , 77{,}5)$$

Este último intervalo se denomina intervalo de confianza; en nuestro caso, a un nivel del 95%. En este intervalo se estima que estará el valor de cierto parámetro poblacional desconocido.

Veamos otro interesante ejemplo.

EJEMPLO 6

Un ayuntamiento quiere conocer entre qué valores se encuentra el salario medio de los vecinos del centro de la ciudad (un barrio muy acomodado); para ello, toma al azar una muestra de 100 de estos vecinos. Sabe por consultas anteriores que la desviación típica de los salarios en esta zona de la ciudad está cercana a los 1.500 euros ¿Qué probabilidad hay de que la media de la muestra estudiada no se desvíe más de 200 euros de la verdadera media de sus salarios?

En nuestro caso, conocemos únicamente el tamaño de la muestra y la desviación típica de la población y desconocemos tanto la media como la deviación estándar de la distribución muestral. Ahora bien, según el TLC, podemos obtener:

$$s_{\bar{x}} = \frac{\sigma}{\sqrt{100}} = \frac{1.500}{10} = 150$$

Este es el valor de la desviación típica de la muestra.

Por ser la muestra grande (100 > 30), aplicamos el TLC y determinamos el área sombreada de la figura correspondiente a la distribución normal de la distribución muestral ($n = 100$).

En la tipificación obtenemos que

$$Z = \frac{(\bar{x} + 200) - \bar{x}}{150} = 1{,}33$$

De acuerdo con las tablas de la normal, el área entre 0 y $Z = 1{,}33$ es 0,4082.

Esto significa que, mirando las tablas, aproximadamente, el 82% de los vecinos de esta zona tiene un salario que no se desvía más de 200 euros de la media poblacional.

Sin embargo, hay ocasiones en las cuales no podemos calcular las medias de las muestras, sino que se conoce la proporción de una determinada característica de ellas y, a partir de aquí, podemos obtener un resultado interesante. Esto constituye una variante del TLC que se conoce como la distribución muestral de la proporción de la muestra.

En esencia, lo que esto viene a significar es que, dada una población que tiene una proporción (*P*) de una determinada característica, si calculamos la media (μ_p) de todas las proporciones de todas las muestras de un determinado tamaño *n*, se verifica que

$$\mu_p = P$$

$$\sigma_p = \sqrt{\frac{P(1-P)}{n}}$$

Ilustremos la aplicación con un ejemplo.

EJEMPLO 7

En un distrito universitario, se toma al azar una muestra de 100 estudiantes con objeto de averiguar cuántos utilizan programas informáticos para resolver cuestiones científicas. 60 estudiantes de la muestra afirman que sí lo hacen. Sin embargo, en los datos que tiene la universidad consta que el 50% de los estudiantes utiliza tales recursos. ¿Es razonable el valor que aporta la muestra?

En esta ocasión, no poseemos valores de medias ni de desviaciones estándar; los datos de que disponemos son solamente proporciones sobre una de las características (en este caso, el número de estudiantes que utilizan programas informáticos). Sabemos también que se trata de una muestra relativamente grande: 100 individuos. Por tanto, según el TLC, tenemos que la distribución muestral de las proporciones obedece a los siguientes parámetros:

$$\mu_p = P = 0{,}50$$

$$\sigma_p = \sqrt{\frac{P(1-P)}{n}} = \sqrt{\frac{(0{,}5)(0{,}5)}{100}} = 0{,}05$$

Si tipificamos el 60%, nos queda

$$Z = \frac{0{,}6 - 0{,}50}{0{,}05} = 2$$

Ahora, acudiendo a la distribución normal, la probabilidad de obtener una cantidad de 60 estudiantes o más, de una muestra de 100 con esa característica, es de 0,0228. Este valor nos indica que la probabilidad de elegir esa muestra con más de 60 individuos es muy pequeña, tan solo del 2%.

5.5.3. Margen de error

Ejemplo 8

Veamos el siguiente ejemplo para abordar el margen de error:

Según los datos de una muestra de 1.200 personas seleccionadas al azar, 640 de ellas creen que el partido político que está actualmente en el poder lo seguirá estando en la próxima legislatura. Esos datos permiten afirmar con un nivel de confianza del 95% que el procedimiento de muestreo y sus resultados tiene un margen de error no superior a ± 2,7%. ¿Qué significa esto? ¿Cómo ha sido calculado ese margen de error?

Conforme al porcentaje de éxito, podemos decir que los parámetros de la distribución muestral conocida la proporción de una muestra desembocan en

$$\mu_p = P = \frac{640}{1.200} = 0{,}53$$

$$\sigma_p = \sqrt{\frac{P(1-P)}{n}} = \sqrt{\frac{(0{,}53)(0{,}47)}{1.200}} = 0{,}014$$

Una vez conocidas la media y la desviación estándar, como nos piden un nivel de confianza del 95%, tenemos que la $Z = 1{,}96$.

Por último, para saber el margen de error, habrá que multiplicar este elemento por el valor de la desviación estándar calculada, esto es

$$(1{,}96) \cdot (0{,}014) = 0{,}027 = 2{,}7\%$$

Por otro lado, hay que observar que el hecho de que una encuesta o trabajo estadístico nos presente el margen de error de una manera tan “científica” no quiere decir que se puedan extrapolar estos datos a toda la población; efectivamente, el margen de error mide exclusivamente la variación aleatoria, pero no mide los diferentes sesgos que se pueden producir en el estudio estadístico ni tampoco la adecuación o no de la elección de la muestra. Por ende, hay que obrar con cautela al interpretar conclusiones respecto al error.

5.5.4. La correlación y algo más

El análisis de regresión y la teoría de la correlación son conceptos fundamentales en el aprendizaje de la estadística. ¿Cuál fue su origen?

En 1875, el estadístico Francis Galton reunió a siete de sus amigos en su mansión y les entregó paquetes de semillas de guisante. Aunque las semillas eran muy semejantes entre sí, presentaban tamaños distintos. Les pidió que plantaran las semillas que él les había proporcionado y que le devolvieran la cosecha en la siguiente primavera. Antes de repartir las semillas, Galton había medido el tamaño de cada semilla "padre"; después, hizo lo mismo con las semillas "hijas" obtenidas de la cosecha. Con todos los datos, elaboró un gráfico en el que cada punto representaba el tamaño medio de las semillas "padres" (primera generación) frente a la media de las semillas "hijas" (segunda generación), repitiendo el procedimiento para cada uno de los siete paquetes. Para su sorpresa, los siete puntos se encontraban muy cerca de una línea recta, lo que constituyó la primera observación de lo que más tarde se llamaría regresión y correlación.

GRÁFICO 5.6

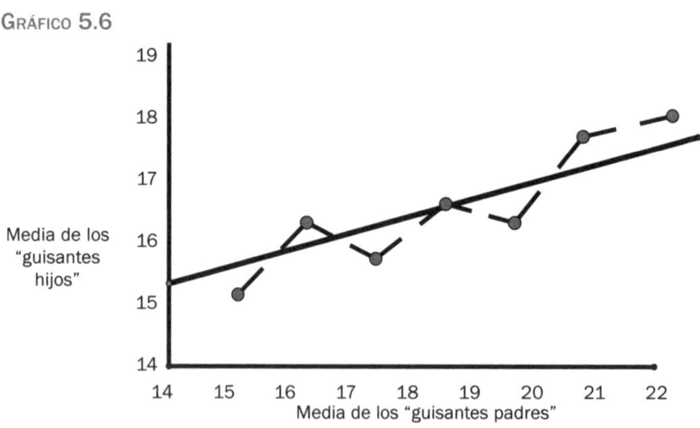

Fuente: Elaboración propia.

Esta figura en el eje x colocó la media de los tamaños de los guisantes "padres" en centésimas de pulgada y en el eje y el de los "hijos". Se puede observar que la variabilidad de los "padres" (entre 15 y 21) es algo mayor que la de los "hijos" (entre 15 y 17,5). Es lo que Galton llamó la regresión a la media.

Estas investigaciones y otras en esta línea fueron las bases para escribir uno de sus libros más famosos: *Natural Inheritance* (Herencia natural) (1889).

Los conceptos de correlación y regresión son claves en las investigaciones estadísticas. La primera mide el grado en que se corresponden dos variables aleatorias (relación entre peso y altura, entre horas de estudio y notas, etc.). Hay que reseñar no obstante que la correlación no implica automáticamente una relación causal entre las dos variables, sino que se limita a constatar que varían juntas. Para entender este concepto, imaginemos a un corredor de bicicleta y la patología de cáncer de piel. Si estudiamos varios casos de este colectivo de deportistas, es posible que observemos una correlación positiva. Sin entrar en más investigaciones, podríamos llegar a la conclusión de que andar en bicicleta puede provocar cáncer de piel. Sin embargo, esta misma relación se puede dar en personas que están expuestas muchas horas a la luz solar (labradores, marinos, surfistas, etc.), lo cual quiere decir que las dos variables iniciales (corredores en bicicleta y cáncer de piel) están estrechamente relacionadas con una tercera variable causal (la exposición a la luz del sol), y esta variable es la verdaderamente importante. Estudiar la causalidad en toda su extensión es una empresa difícil, pues no es sencillo conocer todos los datos y causas para establecer relaciones posibles y delimitar las verdaderas variables causales.

5.5.5. Qué es el coeficiente de correlación

El coeficiente de correlación de Pearson en un análisis de correlación es una medida que cuantifica la intensidad de la relación lineal entre dos variables. En la teoría de correlación este coeficiente se simboliza con *r* y nos permite medir la dirección de la relación (mediante el símbolo *r*) y la magnitud de la relación entre las dos variables. La correlación solo mide la fuerza de una relación lineal entre las dos variables y, por tanto, no describe las relaciones curvilíneas entre variables, aunque sean muy fuertes. Además, al igual que ocurre con la media aritmética, la correlación se ve muy afectada por unas pocas observaciones atípicas.

El coeficiente de correlación de Pearson (*r*) de *n* datos, $\{(x_i, y_i)\}$, con $i = 1,2,\ldots, n$, se calcula mediante la siguiente fórmula:

$$r = \frac{\sum_{i=1}^{n}(x_i - \bar{x})(y_i - \bar{y})}{\sqrt{\sum_{i=1}^{n}(x_i - \bar{x})^2}\sqrt{\sum_{i=1}^{n}(y_i - \bar{y})^2}}$$

Figura 5.1

Distintos diagramas de dispersión con su *r* correspondiente

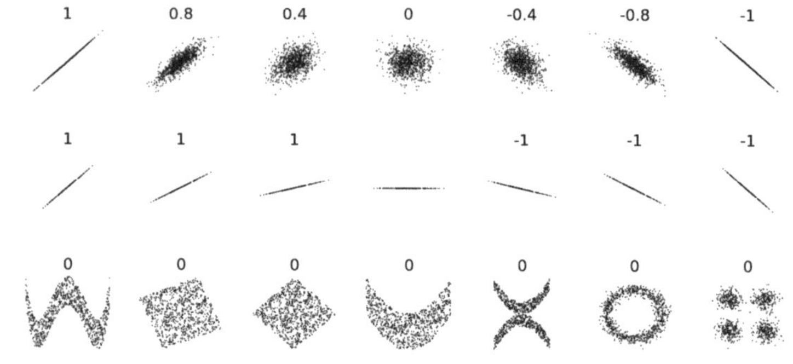

Fuente: Wikipedia.

5.5.6. Ideas sobre la regresión lineal

La regresión lineal es una técnica de análisis de datos que sirve para describir la dependencia de una variable frente a otra. Dicho de otra manera, busca modelar cómo cambia una variable (la dependiente) en función de otra variable (la independiente). La regresión lineal busca la mejor ecuación para la línea del gráfico de dos variables, de modo que los cambios de una de las variables se puedan predecir a partir de los de la otra. La recta de regresión en un diagrama de dispersión es lo mismo que la media de los valores de una variable.

¿Tiene sentido estudiar la regresión en cualquier circunstancia? Obviamente no, si ya vemos que el diagrama de dispersión sigue una línea curva muy pronunciada, el calcularla no tendría objeto. Pero incluso si la nube de puntos está cercana a una recta, puede suceder que tampoco tenga sentido, como sucede en el siguiente ejemplo.

Ejemplo 9

Un investigador trata de deducir el área de un triángulo en función de su perímetro (aspecto que sabemos inviable) y, para ello, toma la vía empírica estudiando ocho triángulos. calcula el perímetro y el área de cada uno de ellos.

PERÍMETROS Y ÁREAS DE LOS OCHO TRIÁNGULOS. UNIDADES EN EL SISTEMA QUE SE DESEE

Triángulos	I	II	III	IV	V	VI	VII	VIII
Logitud de los lados	2-2-3	3-3-3	3-3-4	5-5-6	6-6-6	8-8-7	5-5-5	8-8-9
Perímetro	7	9	10	16	18	23	15	25
Área	1,98	3,90	4,47	9,16	15,58	25,17	10,82	29,76

Posteriormente, calcula el coeficiente de correlación, de donde se obtiene r = 0,976 (según el investigador es un dato relevante); la ecuación de regresión y el diagrama de dispersión se muestran en el gráfico 5.7.

Gráfico 5.7

Coeficiente de correlación (r) de los ocho triángulos

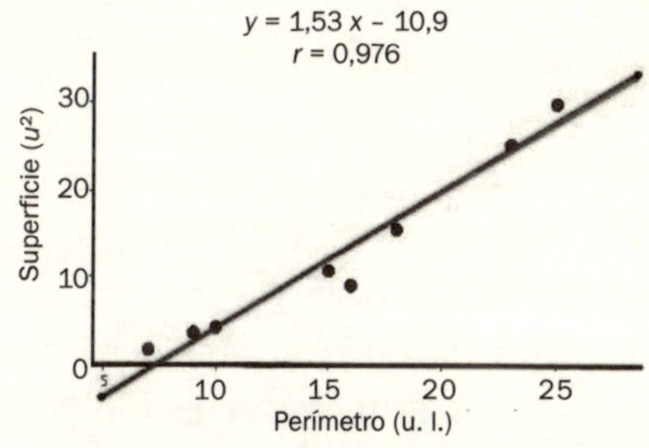

Fuente: Elaboración propia.

Con esto, el investigador da por buena su tarea. Naturalmente, esta manera de proceder es una catástrofe. ¿Dónde está el error? Si observamos los triángulos estudiados vemos que todos son isósceles o equiláteros, lo cual es una enorme restricción para estudiar el conjunto de triángulos. Ese es el fallo, garrafal y casi obvio.

Actividad 1. Se quiere calcular el sueldo medio mensual de las 25.000 personas que viven en una ciudad. Se ha escogido una muestra de 200 familias con ingresos medios de 2.200 euros mensuales y una desviación típica de la muestra de 450 euros. ¿Sería posible estimar el sueldo medio de las 25.000 personas?, ¿qué error cometeríamos?

Actividdad 2. El tiempo, en horas mensuales, que las personas de una determinada ciudad dedican a ver la televisión se distribuye según una normal de media 60 horas y desviación típica 20. Para muestras de 64 personas:

a) Indica cuál es la distribución de las medias muestrales.

b) Halla la probabilidad de que la media de una de las muestras elegidas esté comprendida entre 55 y 64 horas.

Capítulo 6

Hipótesis estadísticas

"En la ciencia la única verdad sagrada es que no hay verdades sagradas".

CARL SAGAN (1934-1996)

6.1. ¿Qué es una hipótesis estadística?

Analicemos la siguiente situación, problema estadístico:

En el Mar Menor parece que las doradas son más pequeñas que hace diez años. En una captura de diez ejemplares se ha comprobado que sus medidas son: 23, 26, 25, 28, 20, 15, 25, 20, 18 y 19 cm. Hace diez años, la media de su longitud era de 26 cm, con una desviación típica de 3 cm. El comentario del descenso del tamaño de las doradas, ¿es real?, ¿habría que tomar algunas medidas?

El planteamiento de hipótesis es consustancial al método científico. Una hipótesis de trabajo es una suposición que acompaña y da sentido a la investigación. No es, *a priori*, una tesis ni un teorema a comprobar; más bien, es una conjetura, una intuición, un juicio que se apoya en los experimentos y comprobaciones que se han venido efectuando.

Como ejemplos de hipótesis de trabajo citaremos las siguientes:

- El consumo de 2 litros de agua diarios mejora la salud.
- El uso prolongado en el tiempo de estatinas (medicamentos que reducen el colesterol y el riesgo de

enfermedades cardiovasculares) produce enfermedades renales.

- A igualdad de trabajo, las mujeres ganan menos dinero que los hombres.
- El consumo de tabaco es muy perjudicial para la salud y aumenta el riesgo de padecer cáncer de pulmón.
- Los hijos de padres altos serán tan altos como sus progenitores.

Estas hipótesis se han formulado con base en los datos y sucesos recopilados durante la investigación. Después, todos los datos son verificados o refutados a partir de los resultados arrojados por la experimentación, y aquí reside la duda: ¿cómo puede ayudarnos la estadística a refutar o dar por buena la hipótesis planteada?

Desde el punto de vista estadístico, una hipótesis es una afirmación que se hace sobre la población que se está estudiando. Se denomina paramétrica cuando la hipótesis se refiere a los valores que toma alguno de los parámetros poblacionales (media, varianza, proporción, etc.). Las pruebas paramétricas asumen distribuciones estadísticas subyacentes a los datos. Mientras que un contraste de hipótesis es una técnica para juzgar, desde un punto de vista estadístico, si los datos estudiados aportan o no evidencia para confirmar la hipótesis.

Veamos la siguiente situación:

Una empresa láctea quiere sustituir un batido de leche con canela por otro que contiene vainilla en lugar de la canela. Para ver la aceptación de uno frente al otro, realiza un experimento: se pide a 30 personas que prueben ambos batidos y que les den una puntuación en una escala decimal del 1 al 10. Cada una de las personas prueba el batido de vainilla y lo califica; después, hace lo mismo con el de canela; por último, efectúa la diferencia entre las dos puntuaciones (vainilla menos canela). Sus resultados son los siguientes:

2; 0,3; 2; 2; –1,2; 0; 2; –0,5; 1,2; 2.2; 2,4; –1,5; –1; 1; 2; –1;
2; 0; 1,50; 0,35; 1,2; –1; 0; 1,5; 1,5; 2; 2; –2; 0 y 2

Es una pequeña muestra respecto al universo de potenciales consumidores, pero ya se observa que 19 de los 30 valores se decantan por el batido de vainilla. La media de la diferencia de puntuaciones para esta muestra es: $\overline{X} = 0,825$. Ahora debemos hacernos unas preguntas: ¿permiten asegurar estos datos que el batido de vainilla gusta más? o, quizá, ¿se debe a razones puramente aleatorias?

El investigador ha recolectado una serie de pruebas que apoyan la hipótesis de que entre las dos bebidas lácteas es la de vainilla la que gusta más. Sin embargo, y con objeto de someter a prueba esa afrmación, adopta la hipótesis de que no es verdadera; esto es, que el *statu quo* persiste. Esa es la hipótesis llamada H_0 o hipótesis nula, y se la conoce por ese nombre porque se asume que no introduce cambios. Se formula después de establecer la hipótesis de investigación y su objetivo es intentar negar o refutar esta. Por otro lado, la hipótesis nula asume que cualquier observación o diferencia detectada en los datos es el resultado del azar o de factores no específicos, y no debido a las variables o intervenciones que están siendo estudiadas.

El investigador demanda pruebas convincentes antes de rechazar H_0. A la hipótesis que se desea probar se la llama hipótesis alternativa o H_1. El rechazo de la H_0 implica la aceptación de H_1.

Para algunos científicos esta manera de proceder está entroncada con el falsacionismo, cuyo fundador fue el filósofo austriaco Karl Popper (1902-1994). Su tesis propone que la ciencia no es capaz de verificar si una hipótesis es cierta, pero sí que puede demostrar que es falsa.

Popper era muy crítico con el empleo de la inducción, ya que por mucho que experimentemos, decía él, nunca se podrán examinar todos los casos posibles, y basta con un solo contraejemplo para echar por tierra toda una teoría. Frente a la postura verificacionista preponderante hasta ese momento en filosofía de la ciencia, Popper propuso el falsacionismo, que venía a decir que una teoría no es absolutamente verdadera, sino no refutada.

El falsacionismo es uno de los pilares que sustentan el moderno método científico. Para los defensores de esta posición, tanto el contraste estándar como el de Neyman y Pearson, o la prueba de significación de Fisher, son esencialmente popperianos.

En el caso que nos ocupa, llamando μ a la media de las diferencias de los dos batidos lácteos, la hipótesis es que $\mu > 0$ (es decir, gusta más el batido de vainilla que el de canela). En consecuencia:

- H_0 será la hipótesis en la que $\mu \leq 0$.
- H_1 es la hipótesis en la que $\mu > 0$ (la que mantiene el investigador).

¿Cómo podemos continuar? Si volvemos a mirar los datos, hemos visto que la media de las 30 muestras es: $\overline{X} = 0{,}825$. Así, razonando de manera informal, diríamos: si suponemos que la hipótesis nula es cierta, se verificará que $\mu \leq 0$. Desde luego, esta suposición extraña un poco, ya que la muestra (30 sujetos) es suficientemente grande y el valor de su media es positiva. Este simple razonamiento nos inclinaría a pensar que hay evidencias fundadas para aceptar la hipótesis alternativa. No obstante, ¿qué seguridad existe de que haya que rechazar H_0? La estadística no se conforma con este razonamiento, entonces, ¿cómo resolver el dilema?

Vamos a analizar qué valores podríamos esperar que alcanzase $\overline{X}$ cuando se verifique la veracidad de H_0.

Para ello, tenemos que apoyarnos en el TCL y analizar una simplificación de la cuestión: supongamos que la población a estudiar es normal (situación bastante usual) y que su desviación típica vale 1 ($\sigma = 1$); además, consideramos que la media $\mu = 0$ (justamente el valor que hace de frontera entre las dos hipótesis que nos ocupan, H_0 y H_1).

Según el teorema central del límite (TCL), la distribución sería

$$\frac{\bar{X} - \mu}{\sigma / \sqrt{n}} \approx N(0,1)$$

Analicemos ahora si la media de la muestra $\overline{X} = 0,825$ es compatible o no con $\mu = 0$:

$$Z = \frac{0,825 - 0}{1/\sqrt{30}} = 4,5187$$

Este último valor (4,5187) lo podemos interpretar como la distancia entre la media $\overline{X} = 0,825$ y 0 pero medido en desviaciones típicas.

$$P(Z > 4,5187) < 0,0001$$

Esto quiere decir que de cada 10.000 muestras de 30 elementos cada una, se obtendría solamente una con un valor Z superior a 4,5187.

Esto nos proporciona una evidencia bastante abultada en contra de la hipótesis H_0 y, por tanto, a favor de H_1.

La metodología empleada se conoce como contraste de hipótesis y fue estudiada por primera vez por Fisher, como ya se mencionó en el caso de la catadora de té.

Para llevarlo a cabo se formula una hipótesis acerca de la población y se trata de ver si, como consecuencia del estudio sobre un conjunto de valores muestrales, debemos aceptarla o rechazarla con unos márgenes de error previamente fijados.

Es evidente que ninguna prueba de hipótesis es cierta al 100%, ya que, al estar basada en probabilidades, siempre existirá la posibilidad de llegar a conclusiones erróneas. Es necesario comentar que cuando "rechazamos" la hipótesis H_0, estamos diciendo que tenemos evidencias fundadas de refutarla y concluir, por consiguiente, que H_1 es verdadera. Mientras que cuando "aceptamos" H_0, estamos manifestando que nuestra evidencia no ha sido suficiente para rechazar dicha hipótesis nula.

El trabajo de las dos hipótesis H_0 y H_1 se debe a dos matemáticos: el polaco Jerzy Neyman y el británico Egon Pearson; su tarea fue desarrollada a principios de 1930 y completada posteriormente por el matemático rumano Abraham Wald (1902-1950).

Una vez tomada una decisión acerca de la hipótesis propuesta, corremos el riesgo de cometer un error del tipo I (falso positivo) o del tipo II (falso negativo), tal como se resume en la siguiente tabla:

CONDICIÓN REAL	RECHAZAMOS H_0	ACEPTAMOS H_0
H_0 es verdadera	Error del tipo I	No hay error
H_0 es falsa	No hay error	Error del tipo II

Los riesgos de estos dos errores están inversamente relacionados y se determinan según el nivel de significancia y la potencia de la prueba.

Un típico ejemplo de ambos tipos de error se puede ver en la siguiente tabla que ilustra posibilidades de la sentencia de un juicio:

CONDICIÓN REAL	INOCENTE	CULPABLE
H_0 es inocente	No hay error	Error del tipo I
H_0 es culpable	Error del tipo II	No hay error

Si decidiéramos que la persona es culpable cuando realmente es inocente, estaríamos cometiendo un error del tipo I, mientras que un error del tipo II sería decir que es inocente cuando realmente es culpable.

El asunto de rechazar o no la hipótesis nula es de una importancia crucial, ya que podemos acertar o bien cometer un error. Como en la vida real, no sabemos si la hipótesis nula es verdadera o no, tenemos que tratar de minimizar los errores. Para ello, podemos estimar las probabilidades de cometer errores de tipo I y de tipo II.

La probabilidad de cometer errores de tipo I, que se simboliza con α (nivel de significancia), es la probabilidad de rechazar la hipótesis nula cuando es verdadera: su valor suele ser habitualmente de 0,01 o 0,05. Mientras que la probabilidad de cometer errores de tipo II, que se simboliza con β, es la probabilidad de aceptar la hipótesis nula cuando esta es falsa.

$\alpha = P$ (error tipo I) = P (rechazar H_0 cuando esta es verdadera)
$\beta = P$ (error tipo II) = P (aceptar H_0 cuando esta es falsa)

El valor α se suele denominar nivel de significancia del contraste de hipótesis. De igual modo, se denomina potencia de una prueba estadística o poder estadístico a la probabilidad de que la hipótesis alternativa sea aceptada cuando la hipótesis alternativa es verdadera (es decir, la probabilidad de no cometer un error del tipo II). Luego, la potencia es igual a $1 - \beta$ y se la suele conocer también como sensibilidad. En una prueba de hipótesis, el valor P (P-valor) se define como la probabilidad de que un valor estadístico calculado sea posible dada una hipótesis nula cierta, el valor P nos ayuda a diferenciar resultados que son producto del azar del muestreo, de resultados que son estadísticamente significativos (se suele decir que valores altos del valor P no permiten rechazar la H_0, mientras que valores bajos del valor P sí permiten rechazar la H_0); los programas de computadora y las calculadoras suelen proporcionar un valor P[11].

6.2. ¿Cómo obtener los valores α y β?

Consideremos un clásico ejemplo que ha sido el germen de muchas situaciones interesantes: comprobar si una moneda está trucada o no. El investigador cree que, efectivamente, la moneda está trucada y que la posibilidad de obtener cara es superior a la de obtener cruz. Así que emite las hipótesis:

H_0: la proporción de caras y cruces es 1/2.
H_1: la proporción de caras es mayor que 1/2.

11. El valor P se utiliza para rechazar o mantener la hipótesis nula en una prueba de hipótesis. Si el valor P calculado es menor que el nivel de significación (habitualmente del 5%), se rechaza la hipótesis nula; en caso contrario, se mantiene.

Ahora decidimos lanzar la moneda seis veces y apuntar el número de caras. Si estas son seis caras, rechazaremos H_0, mientras que si son cinco o menos caras decidimos aceptar la H_0.

$$\alpha = P \text{ (rechazar } H_0 \text{ cuando esta es verdadera)} = P \text{ (6 caras cuando la proporción es 0,5)}$$

Para resolver esta cuestión, acudimos a la distribución binomial.

Gráfico 6.1

Criterio para aceptación o rechazo de H_0

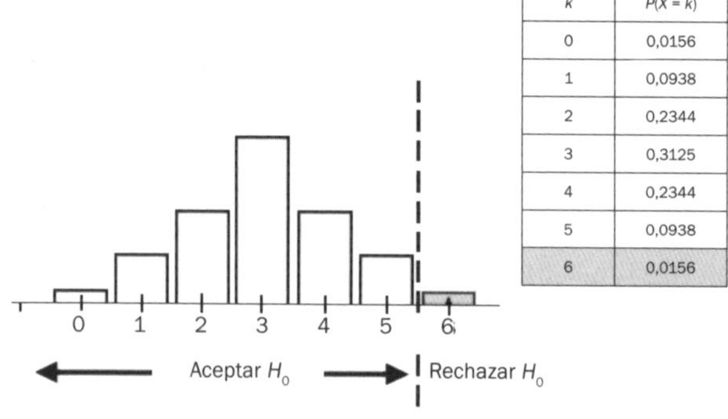

k	$P(X = k)$
0	0,0156
1	0,0938
2	0,2344
3	0,3125
4	0,2344
5	0,0938
6	0,0156

Fuente: Elaboración propia.

El gráfico 6.1 es suficientemente explicativo.

α = 0,0156 representa un límite en la probabilidad del error de tipo I. Nos quiere decir que en seis tiradas de una moneda no trucada caerán seis caras solo un 1,56% de las veces.

De modo similar se calcula $\beta = P$ (aceptar H_0 cuando esta es falsa).

El observador ha constatado que el número de caras, después de repetidas tiradas, se obtiene con una proporción del 80% de las tiradas totales.

$$\beta = P \text{ (que el número de caras sean 5 o menos cuando la proporción es 0,8)}$$

Gráfico 6.2

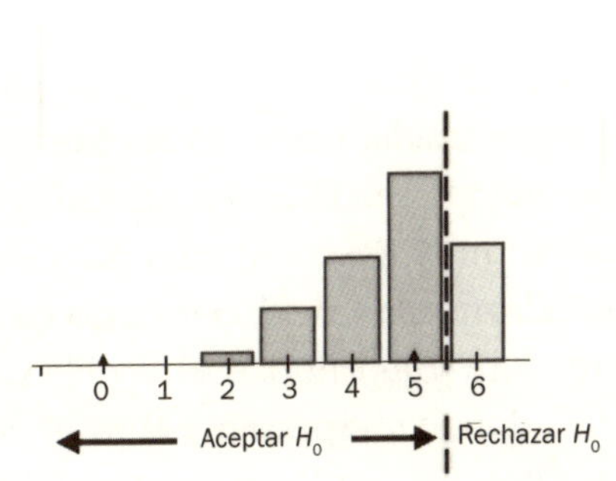

k	$P(X = k)$
0	0,0001
1	0,0015
2	0,0154
3	0,0819
4	0,2458
5	0,3932
6	0,2621

Fuente: Elaboración propia.

$$\beta = 1 - 0{,}2621 = 0{,}7379$$

Es claro que asignando distintos valores de la proporción de caras obtenemos distintos valores de β. Con el objetivo de aclarar esta relación y comprender mejor su comportamiento, analizaremos esta situación en el siguiente apartado.

6.3. Las hipótesis al rescate

Supongamos que un laboratorio quiere saber si un medicamento administrado para el dolor de cabeza produce somnolencia a la persona que lo toma, ya que tiene la sospecha que sí existe una estrecha relación entre ambos efectos. Para realizar su investigación, el laboratorio procede a seleccionar dos muestras de personas; una muestra será nuestro grupo experimental y la otra, el grupo control; este último grupo recibe un placebo, mientras que al experimental se le administra el medicamento. Las hipótesis estadísticas serán las siguientes:

- H_0: La proporción de somnolencia en los dos grupos de personas es prácticamente el mismo.

- H_1: La proporción de somnolencia en el grupo experimental es significativamente mayor que en el de control.

Este tipo de situaciones médicas (por otra parte, muy habitual) es un tema de gran importancia, pues si concluimos que el medicamento no tiene efectos secundarios, cuando sí los tiene, las consecuencias serían muy desagradables para los pacientes que lo tomen y para el prestigio del laboratorio que lo lanza al mercado. Por tanto, conviene estudiar el problema utilizando un valor de $\alpha = 0{,}05$ (donde α representa el nivel de significancia del contraste de hipótesis), en lugar de $\alpha = 0{,}01$, ya que con este último sería poco probable rechazar H_0 (la hipótesis nula). De hecho, muchos investigadores prefieren analizar la situación con un nivel de significancia α más elevado, aun asumiendo un mayor riesgo de rechazar H_0 cuando esta es verdadera. Naturalmente, la investigación será más precisa si en vez de limitarse a dos grupos (el experimental y el de control), se repite varias veces y en diversas circunstancias.

6.4. ¿Qué podemos hacer cuando no hay parámetros o no conocemos la distribución de la que proceden los datos?

Veamos la siguiente situación.

Un supermercado tiene cinco tipos de aceites (A, B, C, D y E), de precios y calidades similares, y sospecha que las personas que adquieren ese producto lo hacen de manera aleatoria. Estudia las ventas de las 100 primeras botellas de aceite vendidas, de lo cual resultan los siguientes datos:

Tipo de aceite	A	B	C	D	E
Número de botellas	18	9	24	19	30

De acuerdo con estos datos, ¿podría deducirse, con una probabilidad cercana al 98%, que las compras del aceite son aleatorias?

Esta situación es distinta a las estudiadas anteriormente, pues en aquellas se aceptaba que la distribución tenía una cierta normalidad o bien seguía una distribución conocida (binomial, de Poisson, *t*-Student…). La técnica estadística, llamada contraste de hipótesis paramétrico, consistía en estudiar una hipótesis de cierto parámetro poblacional (media, varianza…) a través de los datos aportados por una muestra extraída de la población.

En la práctica, en la mayoría de los casos reales el investigador no conoce muy bien qué tipo de distribución de probabilidad sigue la población a estudiar ni tampoco ninguno de sus parámetros. Ese tipo de contraste se denomina no paramétrico, sus pruebas no requieren que las muestras provengan de poblaciones con distribuciones normales o con cualquier otro tipo particular de distribución; por esta razón, las hipótesis no paramétricas suelen llamarse pruebas de distribución libre. Desde un punto de vista riguroso, las pruebas no paramétricas no deberían llamarse así en todos los casos, ya que algunas pruebas se basan en el conocimiento de un parámetro, la mediana. Estos métodos presentan algunas ventajas frente a los paramétricos, puesto que no es necesaria una población distribuida normalmente, se pueden aplicar a datos categóricos (datos cualitativos que pueden agruparse en categorías en lugar de medirse numéricamente) y suelen implicar cálculos más sencillos. Pero también tienen desventajas, siendo la más importante que, en general, no son tan eficientes como los paramétricos. Existen en la literatura sobre estadística varias pruebas no paramétricas. Citaremos algunas de ellas por su fácil comprensión y eficacia.

6.4.1. La mágica y eficiente prueba χ^2 de Pearson

La prueba χ^2 (chi cuadrado) de Pearson es una prueba no paramétrica muy utilizada, tanto por su facilidad para aplicarla como por su eficiencia; mide la discrepancia entre una distribución observada y otra teórica, indicando la probabilidad de la diferencia entre ambas medidas y si ello se debe al azar o no. Es una prueba que también se utiliza para probar, o no, la independencia de dos variables entre sí a través de una tabla de contingencia. Asimismo, se emplea para demostrar lo que se denomina prueba de homogeneidad.

La prueba de la χ^2 de Pearson se apoya en la distribución χ^2, que en realidad es un caso especial de distribución gamma (distribución de probabilidad continua con dos parámetros). Sus características más notables son que la χ^2 no toma valores negativos, no es simétrica, está sesgada hacia la derecha: la χ^2 en realidad es una familia de distribuciones, cada una de ellas depende de grados de libertad. El gráfico 6.3 muestra varias distribuciones χ^2 correspondientes a distintos grados de libertad (gl).

Gráfico 6.3

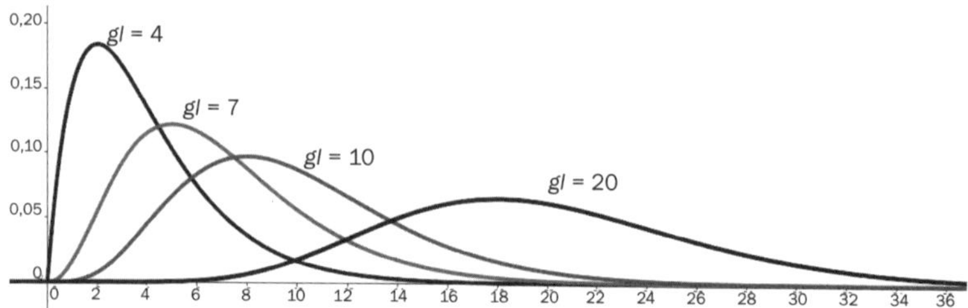

Fuente: Elaboración propia.

Volvamos al ejemplo de los aceites. Vamos a ver cómo aplicar la prueba χ^2 de Pearson.

Tipo de aceite	A	B	C	D	E
Número de botellas f_r (reales)	18	9	24	19	30

Para aplicar la χ^2, se confecciona una tabla similar que simula que los usuarios no tienen preferencia por un determinado tipo de aceite. Por tanto, las 100 botellas se distribuirían por igual:

Tipo de aceite	A	B	C	D	E
Número de botellas f_r (teóricas)	20	20	20	20	20

Nuestra hipótesis nula será que "no hay preferencia por un tipo de aceite". La prueba χ^2 de Pearson realiza unos sencillos cálculos que responden a la siguiente fórmula:

$$\chi^2 = \sum \frac{(f_r - f_t)^2}{f_t}$$

$$\chi^2 = \frac{(18-20)^2}{20} + \frac{(9-20)^2}{20} + \frac{(24-20)^2}{20} + \frac{(19-20)^2}{20} + \frac{(30-20)^2}{20} = 12{,}1$$

Ahora es necesario acudir a una tabla de χ^2 de Pearson o a una calculadora estadística. La siguiente tabla muestra la prueba χ^2 de Pearson:

TABLA χ^2 DE PEARSON

V/p	0,001	0,0025	0,005	0,01	0,025	0,05
1	10,8274	9,1404	7,8794	6,6349	5,0239	3,8415
2	13,8150	11,9827	10,5965	9,2104	7,3778	5,9915
3	16,2660	14,3202	12,8381	11,3449	9,3484	7,8147
4	18,4662	16,4238	14,8602	13,2767	11,1433	9,4877
5	20,5147	18,3854	16,7496	15,0863	12,8325	11,0705
6	22,4575	20,2491	18,5475	16,8119	14,4494	12,5916
7	24,3213	22,0402	20,2777	18,4753	16,0128	14,0671

Para 4 grados de libertad y un nivel de confianza del 0,025 (97,5%), el valor es 11,1433.

Como el χ^2 = 12,1 es mayor que el que da la tabla para ese nivel, podemos rechazar la hipótesis nula con un 97,5% de probabilidades de estar seguros de que sí hay preferencias por un tipo de aceite; en nuestro caso, el preferido es el E.

6.4.2. Mendel, Fisher y la estadística

Un ejemplo famoso, motivo de muchas controversias científicas, es el derivado de las investigaciones del agustino austriaco Gregor Johann Mendel (1822-1884) sobre los rasgos hereditarios. Uno de los más críticos con las investigaciones de Mendel fue Ronald Fisher, que concluyó que los datos de Mendel estaban "arreglados". A este tipo de investigaciones "amañadas" se les suele llamar paradoja de los datos demasiado buenos para ser ciertos. Según Fisher, los datos de Mendel estaban tan ajustados a la hipótesis nula que existían dudas más que razonables de que estos fueran ciertos realmente. Sin entrar en la polémica, veamos la situación estudiada por Mendel desde un punto de vista estadístico.

Ejemplo 1

La teoría mendeliana sobre la herencia nos dice que cuando se cruzan dos variedades específicas de guisantes las frecuencias de ocurrencia de los guisantes redondos y amarillos (A), arrugados y amarillos (B), redondos y verdes (C) y arrugados y verdes (D) están en las razones 9:3:3:1, respectivamente. Estas razones las obtuvo Mendel a partir de las frecuencias que fue observando en el estudio de un total de 556 guisantes que incluían los cuatro grupos anteriores y distribuidos de la siguiente manera: 315 (A), 101 (B), 108 (C) y 32 (D). El problema que nos planteamos a nivel estadístico es si estos datos muestrales son suficientes para constatar que las razones de la herencia de los guisantes son 9:3:3:1 considerando un nivel de significancia de $\alpha = 0{,}05$.

Veamos, las dos hipótesis obvias son las siguientes:

H_0: La proporción de los guisantes en el estudio de la herencia es 9:3:3:1.

H_1: La proporción de los guisantes en el estudio de la herencia NO es 9:3:3:1.

Acudiendo al contraste de Pearson, podemos realizar la siguiente tabla:

TIPOS DE GUISANTES	FRECUENCIA REAL, f_r	FRECUENCIA TEÓRICA, f_t	$f_r - f_t$	$\frac{(f_r - f_t)^2}{f_t}$
A	315	312,75	2,25	0,0162
B	101	104,25	-3,25	0,1013
C	108	104,25	3,75	0,1349
D	32	34,75	-2,75	0,2176
Total	556	556	0	0.47

Por tanto, la probabilidad de que se verifique la hipótesis H_0 es

$$P = P(\mathcal{X}^2 > 0{,}47 \text{ con gl} = 3)$$

Utilizando algún programa estadístico observamos que $P = 0{,}925$.

Por último, calculamos $1 - 0{,}925 = 0{,}075 > \alpha = 0{,}05$.

En consecuencia, no podemos rechazar la H_0.

Esta prueba también es muy eficaz en las pruebas de homogeneidad, que consiste en decidir si la distribución de proporciones en las respuestas es la misma para todos los grupos. Un ejemplo típico es el siguiente:

EJEMPLO 2

El ayuntamiento de una ciudad quiere peatonalizar una calle del centro. Pregunta a 1.000 personas elegidas aleatoriamente: 450 son vecinos de la calle que se quiere peatonalizar, otros 450 vecinos son de la ciudad, pero no viven en esa calle, y 100 personas son visitantes de la ciudad.

La siguiente tabla contiene las respuestas recogidas:

TIPO DE VECINO	A FAVOR	EN CONTRA	TOTAL
De la misma calle	320	130	450
De la ciudad, pero no viven esa calle	210	240	450
Visitante	15	85	100
Total	545	455	1.000

De acuerdo con esos datos, ¿podemos decir que los distintos grupos de personas tienen opiniones diferentes? Para resolver la cuestión, acudimos a la prueba de homogeneidad. El primer paso consiste en formular una hipótesis nula y, a partir de ella, construir la tabla de frecuencias esperadas correspondientes a cada grupo.

H_0: La proporción de los tres grupos de personas que está a favor de peatonalizar la calle es la misma. Lo estudiaremos con un nivel de $\alpha = 0{,}05$.

La tabla de valores esperados en la hipótesis nula será la siguiente:

TIPO DE VECINO	Nº A FAVOR	Nº EN CONTRA	TOTAL
De la misma calle	$\frac{(450)(545)}{1000} = 245{,}25$	204,75	450
De la ciudad, pero no viven en esa calle	$\frac{(450)(545)}{1000} = 245{,}25$	204,75	450
Visitante	54,5	45,5	100
Total	545	455	1.000

Para conocer la homogeneidad, empleamos el contraste de Pearson.

$$\chi^2 = \frac{(320-245{,}25)^2}{245{,}25} + \frac{(130-204{,}75)^2}{204{,}75} + \frac{(210-245{,}25)^2}{245{,}25} + \frac{(240-204{,}75)^2}{204{,}75} + \frac{(15-54{,}5)^2}{54{,}5} + \frac{(85-45{,}5)^2}{45{,}5} = 124{,}11$$

Los grados de libertad serán los siguientes:

gl = (número de filas de la tabla − 1) · (número de columnas − 1) = (3 − 1)(2 − 1) = 2

Si calculamos $P = P(\chi^2 > 124{,}11 \text{ con gl} = 2) < 0{,}05$.

Por tanto, tenemos que rechazar H_0.

Como ya hemos comentado, esta prueba de hipótesis se usa para comparar la posible diferencia entre las frecuencias observadas en la distribución de una variable con respecto a las esperadas, debido a una determinada hipótesis.

6.4.3. Prueba de rachas

En muchos contextos es necesario determinar si el orden de aparición de ciertos fenómenos puede considerarse aleatorio o si, por el contrario, sigue algún patrón. Un procedimiento habitual para abordar este tipo de problemas es la prueba de rachas, que mide si el orden de ocurrencia en la observación de uno de los atributos de una variable dicotómica ha sido producto del azar, esto es, si el orden es aleatorio. Hay que recordar que una racha es una secuencia de datos que tiene la misma característica y, por tanto, dicha secuencia está precedida y seguida de datos con una característica diferente. Para estudiarla es fundamental conocer el número de rachas y el número de elementos en la secuencia que tienen una característica particular. Veamos un ejemplo.

EJEMPLO 3

Una moneda, sobre la que hay dudas de que esté trucada, se ha lanzado 15 veces. Sus resultados han sido (C representa cara y + representa cruz):

CC++C++CC+CC+C+

Vamos a utilizar un nivel de significancia de 0,05 para probar o no la aleatoriedad en la secuencia.

Para realizar la prueba de rachas es necesario conocer el número de rachas y el número de elementos de cada característica.

PRUEBA DE RACHAS

Racha	1ª	2ª	3ª	4ª	5ª	6ª	7ª	8ª	9ª	10ª
Composición	CC	++	C	++	CC	+	CC	+	C	+

Ahora hay que conocer las rachas y el número de los dos elementos que componen el total.

- n_1= 8 C (caras).
- n_2 = 7 + (cruces).
- R = 10, número total de rachas.

Por último, se consulta la tabla[12] de rachas para $\alpha = 0{,}05$.

$n_2 \setminus n_1$	2	3	4	5	6	7	8	9	10
2	1, 6	1, 6	1, 6	1, 6	1, 6	1, 6	1, 6	1, 6	1, 6
3	1, 6	1, 8	1, 8	1, 8	2, 8	2, 8	2, 8	2, 8	2, 8
4	1, 6	1, 8	1, 9	2, 9	2, 9	2, 10	3, 10	3, 10	3, 10
5	1, 6	1, 8	2, 9	2, 10	3, 10	3, 11	3, 11	3, 12	3, 12
6	1, 6	2, 8	2, 9	3, 10	3, 11	3, 12	3, 12	4, 13	4, 13
7	1, 6	2, 8	2, 10	3, 11	3, 12	3, 13	4, 13	4, 14	5, 14
8	1, 6	2, 8	3, 10	3, 11	3, 12	4, 13	4, 14	5, 14	5, 15

En la tabla anterior los valores críticos para $n_1 = 7$ y $n_2 = 8$ están comprendidos entre 4 y 13 rachas. Al estar $R = 10$ ahorquillado entre estos valores "no" rechazamos la aleatoriedad.

Nota. En el caso de n_1 y $n_2 > 20$ este procedimiento no sirve y hay que acudir a otros estudios que involucran la distribución normal.

6.4.4. Prueba de los rangos con signo de Wilcoxon

Una de las pruebas no paramétricas más sencillas de utilizar es la denominada prueba de los rangos con signo del estadístico estadounidense Frank Wilcoxon (1892-1965). Esta prueba fue publicada por el irlando-estadounidense Frank Wilcoxon en 1945, su método sirvió de inspiración para el desarrollo de otros métodos no paramétricos, convirtiéndose en una de las herramientas estadística más populares. Su enunciado y procedimiento fue mejorado en 1947 por los estadounidenses Henry Mann (1905-2000) y Hassler Whitney (1907-1989).

Se utiliza para comparar dos muestras relacionadas entre sí y de esta manera determinar si existen diferencias entre ellas. Esta prueba es robusta, puesto que no requiere que los datos sigan una distribución normal; por tanto, es una alternativa a la

12. "Tables for Testing Randomness of Groupings in a Sequence of Alternatives", *The Annals of Mathematical Statistics*, vol. 14, n. m. 1.

prueba *t* de Student cuando esta no se puede utilizar. Es muy corriente en el estudio de alternativas entre dos tratamientos médicos. Veamos la siguiente situación:

Ejemplo 4

Dos panaderías (A y B) de barrio han apuntado el número de barras de pan que cada una vende cada día. Han llevado el control a lo largo de diez días. ¿Puede constatarse que hay diferencias significativas respecto a las ventas?

DÍA	1	2	3	4	5	6	7	8	9	10
Panadería A	40	71	80	56	70	67	78	56	80	78
Panadería B	42	65	76	56	79	66	81	56	82	73

Esta es la típica situación de la prueba de los rangos con signo. Para resolverla hay que seguir un procedimiento que explicamos en las siguientes líneas.

DÍA	1	2	3	4	5	6	7	8	9	10
Panadería A	40	71	80	56	70	67	78	56	80	79
Panadería B	42	65	76	56	79	66	81	56	82	73
Diferencia	-2	6	4	0	-9	1	-3	1	-2	5
Valor absoluto	2	6	4	0	9	1	3	1	2	5
Rango (se asigna el número por orden del valor absoluto)	3,5	8	6	X	9	1,5	5	1,5	3,5	7

Ahora se obtienen dos valores:

$$W(+) = 8 + 6 + 1{,}5 + 1{,}5 + 7 = 24$$

$$W(-) = 3{,}5 + 9 + 5 + 3{,}5 = 21$$

Acudimos a la tabla de rangos Wilcoxon para $n = 9$ (hemos eliminado una de las 10 pues su diferencia era nula).

Por último, tomamos el menor de los dos valores *W*, que en este caso es 21, y lo comparamos con los valores de *W* críticos en tablas, que para $\alpha = 0{,}05$ es 8.

VALORES CRÍTICOS DE LA PRUEBA DE RANGOS SIGNADOS DE WILCOXON

	Prueba bilateral		Prueba unilateral	
n	0,05	0,01	0,05	0,01
5	-	-	0	-
6	0	-	2	-
7	2	-	3	0
8	3	0	5	1
9	5	1	8	3
10	8	3	10	5
11	10	5	13	7
12	13	7	17	9
13	17	9	21	12

Al ser 21 mayor a 8 no rechazamos la hipótesis de que no hay diferencia significativa entre los datos de ventas de las tiendas A y B.

Es de señalar que en todos los casos estudiados si el tamaño de las muestras es pequeño, también lo es la calidad de la inferencia que se puede hacer con ellas.

Actividad 1. En una gran fábrica, a lo largo de los años, los directores han sido miembros de dos familias. Parece que el puesto de director se ha ido alternando de forma aleatoria, pero no estamos seguros. Con la ayuda de la prueba de rachas, ¿cómo podrías analizar el grado de aleatoriedad en esta sucesión?

Actividad 2. Los siguientes datos representan el tiempo, en minutos, que un paciente tiene que esperar durante 14 visitas al consultorio de un médico antes de ser atendido: 17, 15, 20, 20, 32, 28, 12, 26, 15, 25, 35, 18, 22 y 20.
Mediante la prueba de signos a un nivel de significancia de 0,05, prueba la afirmación del médico de que la mediana del tiempo de espera de sus pacientes no es mayor de 21 minutos.

Bibliografía

ADHIKARI, A. *et al.* (1993): *Estadística*, Antoni Bosch, Barcelona.

BOREL, E. (1988): *Las probabilidades y la vida*, Orbis, Barcelona.

MORA CHASLES, M. S. de (1989): *Los inicios de la teoría de la probabilidad. Siglos XVI y XVII*, Servicio Editorial de la Universidad del País Vasco, Vizcaya.

FELLER, W. (1975): *Introducción a la teoría de probabilidades y sus aplicaciones* (volúmenes I y II), Limusa, Ciudad de México.

FERNÁNDEZ, S. (2007): "Los inicios de la teoría de la probabilidad", *Suma: Revista sobre Enseñanza y Aprendizaje de las Matemáticas*, 55, pp. 7-20.

— (2021): *Azar y probabilidad en matemáticas*, Los Libros de la Catarata, Madrid.

GRIMA, P. (2010): *La certeza absoluta y otras ficciones. Los secretos de la estadística*, RBA, Barcelona.

HACKING, I. (1995): *El surgimiento de la probabilidad*, Gedisa, Barcelona.

JOHNSSON, R. y KUBY, P. (1998): *Estadística elemental*, International Thomson Editores, Madrid.

MADRID CASADO, C. M. (2014): *Fisher, la inferencia estadística probablemente sí, probablemente no*, RBA, Barcelona.

OJEDA, M. M. y BEHAR, R. (2006): *Estadística productividad y calidad*, Editora de Gobierno del Estado de Veracruz, Veracruz.

PEÑA, D. (2001): *Fundamentos de estadística*, Alianza, Madrid.

PEREZ LÓPEZ, C. (2010): *Técnicas de muestreo estadístico*, Garceta, Madrid.

SIEGEL, S. y CASTELLAN, N. J. (1995): *Estadística no paramétrica, aplicada a las ciencias de la conducta*, Trillas, Ciudad de México.

STIGLER, S. M. (2018): *Los siete pilares de la sabiduría estadística*, Grano de Sal, Ciudad de México.

SWOBODA, H. (1975): *El libro de la estadística moderna*, Omega, Barcelona.

TANUR, J. M. (1989): *La estadística: una guía de lo desconocido*, Alianza, Madrid.

TRIOLA, M. F. (2018): *Estadística*, Pearson, Madrid.

Federación Española de Sociedades de Profesores de Matemáticas (FESPM)

Se constituyó en Sevilla en el año 1988 con la vocación de aunar los esfuerzos de cuantos trabajan por mejorar la educación matemática y a ella pueden adherirse todas aquellas asociaciones de profesores de Matemáticas que compartan los fines de esta Federación. Desde su creación y hasta la fecha, la FESPM ha seguido un proceso continuo de crecimiento, hasta llegar a estar formada en la actualidad por 20 sociedades.

La FESPM forma parte de la Federación Europea de Asociaciones de Profesores de Matemáticas (FEAPM) y de la Federación Iberoamericana de Sociedades de Educación Matemática (FISEM).